AUTOR: DR. HARTMUT WILKE | FOTOS: CHRISTINE STEIMER

WASSER SCHILDKRÖTEN

INHALT

4 TYPISCH WASSERSCHILDKRÖTE

28 ARTGERECHT UNTERBRINGEN

42 FIT UND GESUND

EXTRAS

DIE GU-QUALITÄTS-GARANTIE

Wir möchten Ihnen mit den Informationen und Anregungen in diesem Buch das Leben erleichtern und Sie inspirieren, Neues auszuprobieren. Bei jedem unserer Produkte achten wir auf Aktualität und stellen höchste Ansprüche an Inhalt, Optik und Ausstattung. Alle Informationen werden von unseren Autoren und unserer Fachredaktion sorgfältig ausgewählt und mehrfach geprüft. Deshalb bieten wir Ihnen eine 100 %ige Qualitätsgarantie.

Darauf können Sie sich verlassen:
Wir legen Wert auf artgerechte Tierhaltung und stellen das Wohl des Tieres an erste Stelle. Wir garantieren, dass:

- alle Anleitungen und Tipps von Experten in der Praxis geprüft und
- durch klar verständliche Texte und Illustrationen einfach umsetzbar sind.

Wir möchten für Sie immer besser werden:
Sollten wir mit diesem Buch Ihre Erwartungen nicht erfüllen, lassen Sie es uns bitte wissen! Wir tauschen Ihr Buch jederzeit gegen ein gleichwertiges zum gleichen oder ähnlichen Thema um. Nehmen Sie einfach Kontakt zu unserem Leserservice auf. Die Kontaktdaten unseres Leserservice finden Sie am Ende dieses Buches.

GRÄFE UND UNZER VERLAG
Der erste Ratgeberverlag – seit 1722.

TYPISCH WASSERSCHILDKRÖTE

Wasserschildkröten sind faszinierende Lebewesen mit interessanten Verhaltensweisen. Im folgenden Kapitel finden Sie sehr viel Wissenswertes, um die urtümlichen Reptilien besser kennenzulernen.

Wie Wasserschildkröten leben

Heutzutage leben etwa 300 Schildkrötenarten auf der Erde. Sie sind die Nachfahren von urzeitlichen, mittlerweile zumeist ausgestorbenen Arten. Diese Vorfahren hatten bereits vor 250 Millionen Jahren begonnen, die Erde zu erobern. Erst etwa 60 Millionen Jahre später tauchten die Großsaurier auf. Von den heute lebenden Schildkrötenarten sind fast 90 Prozent an ein Leben am oder im Wasser gebunden. Der Rest ist an ein Dasein in trockeneren Regionen angepasst und wird zur Familie der Landschildkröten zusammengefasst.

Nur eine geringe Zahl der im oder am Wasser vorkommenden Schildkrötenarten bewohnt das Meer oder das Brackwasser. Der überwiegende Teil lebt dagegen im Süßwasser. Von ihnen soll in diesem Ratgeber die Rede sein.

Dabei handelt es sich um Arten aus den Familien *Kinosternidae* (Schlammschildkröten), *Emydidae* (Sumpfschildkröten) und *Chelidae* (Schlangenhalsschildkröten). Unter den Wasserschildkröten gibt es hervorragende Schwimmer, die selten das Wasser verlassen, wie die Schlangenhalsschildkröten oder viele Sumpfschildkröten, aber auch schlechte Schwimmer, die mehr unter Wasser herumlaufen als tatsächlich schwimmen. Zu dieser Gruppe gehören die Schlammschildkröten und auch einige Sumpfschildkröten. Immer aber müssen sie ihre Eier an Land vergraben, um sie von der wärmenden Sonne »zeitigen«, das heißt »erbrüten« zu lassen.

In der Regel sind Wasserschildkröten Einzelgänger. Wenn es aber einmal eng wird, dann dulden selbst unterschiedliche Arten vorübergehend ein dichtes Neben- und Übereinander – etwa beim Sonnenbad, wenn es weit und breit keine andere Möglichkeit gibt. Dann sieht man sie zuhauf auf dem einzigen Baumstamm ruhen, der im Wasser treibt.

Perfekte Anpassungskünstler

Die Binnengewässer der Erde bieten eine große Vielfalt unterschiedlicher ökologischer Nischen, an die sich ebenso zahlreiche Arten angepasst haben. Bei den ökologischen Nischen unterscheidet man

› **klimatische Nischen**, denn von den beständig warmen Gewässern der Tropen bis in Regionen mit eisigen Wintern und kalten Gewässern sind es viele kleinklimatische Schritte. So können sich Schildkröten dauerhaft in tropischen Gewässern aufhalten, ohne ihre bevorzugte Körpertemperatur einzubüßen. Dagegen müssen sie ein kaltes Gewässer verlassen, um ihre Körpertemperatur in der Sonne auf das erforderliche Niveau zu bringen.

› **strukturelle Nischen** und meint damit die unterschiedlichsten Strukturelemente eines Gewässers wie Versteck- und Sonnenplätze, an die sich jede Art anzupassen hat. Zum Beispiel erfordert der Sumpf eines bewässerten Reisfeldes ein anderes Beutefangverhalten und eine andere Fortbewegungsweise (etwa von der Gelbrand-Scharnierschildkröte) als ein großes, offenes Gewässer mit viel freiem Schwimmraum, dem Lebensraum von Schmuck- und Zierschildkröten. Dagegen nutzen die Schlammschildkröten der Gattungen *Kinosternon* und *Sternotherus* dicht bewachsene Gräben und Kleinstgewässer voller Wurzeln und toter Äste, in denen sie nicht schwimmen, sondern unter Wasser vor allem herumklettern.

Innerhalb einer Art lassen sich auch altersabhängige Unterschiede feststellen. So leben die Jungtiere der Wasserschildkröten ausschließlich im Wasser, während einige später als Erwachsene auch in den Uferbereichen an Land auf Futtersuche gehen.

Nur wenige Arten haben sich erfolgreich an unterschiedlichste Klimata und Biotope angepasst und sind dadurch geografisch weit verbreitet. Die Europäische Sumpfschildkröte *(Emys orbicularis)* ist ein Beispiel dafür. Sie bewohnt weitläufige Sümpfe, verschilfte Tümpel, Auwälder und offene Seen in Mittel- und Osteuropa, wo sie überwintern muss. Aber sie lebt auch in periodisch austrocknenden Flussbetten des Mittelmeerraumes und in kleinen Oasengewässern Nordwestafrikas.

Anpassungen erkennen

In welchem Lebensraum eine Art vorkommt, können Sie an ihrem Körperbau erkennen.

› Als besondere Anpassungen an das Leben im Wasser sind Augen und Nase der Wasserschild-

Europäische Sumpfschildkröten stellen – je nach Herkunft – unterschiedliche Pflegeansprüche.

kröten sehr weit oben am Kopf angeordnet. Dadurch kann das Tier beim versteckten Ruhen unter Wasser nur Augen und Nase unauffällig über die Wasseroberfläche bringen und seine Umgebung beobachten, ohne selbst entdeckt zu werden.

› An einen freien Wasserraum angepasste Arten, etwa der Gattungen *Emys*, *Emydura* oder *Chelodina*, sind in der Regel gute und schnelle Schwimmer. Ihre Panzerform ist entsprechend flach und strömungsgünstig, vergleichbar mit einem im Flussbett flach geschliffenen Kiesel.

› An hindernisreichen Schwimmraum in Ufernähe angepasste Arten sind zum Beispiel Moschus-, Chinesische Dreikiel- und Scharnierschildkröten. Ihr Panzer ist in der Regel stärker aufgewölbt. (Zu Anpassungen der Beine → Foto 1 und 2 unten)

1 GUTE SCHWIMMER Die Beine guter Schwimmer haben ausgeprägte Schwimmhäute zwischen den Zehen, die eine bessere Beschleunigung im Wasser erlauben. Stark ausgebildete Krallen erleichtern das Erklettern von steilen Stämmen und Ufern. Zu den guten Schwimmern gehören Arten der Gattungen *Emys, Emydura* oder *Chelodina* sowie die Zierschildkröten.

2 SCHLECHTE SCHWIMMER Sie haben zum Teil nur schwach ausgeprägte Schwimmhäute zwischen den Zehen. Wie die guten Schwimmer besitzen auch sie stark ausgebildete Krallen zum Klettern über und unter Wasser. Zu den schlechten Schwimmern zählen zum Beispiel die Moschusschildkröte, die Chinesische Dreikielschildkröte und die Scharnierschildkröte.

3 LANDBEWOHNER Die Beine der überwiegend landbewohnenden Wasserschildkröten, zum Beispiel der Dosenschildkröten, ähneln in ihrem säulenförmigen Bau den Beinen der Landschildkröten (→ Foto). Die Mittelhand- und Fingerknochen, zwischen denen sich bei den wasserlebenden Schildkröten die Schwimmhäute spannen, sind bei den landlebenden Arten zurückgebildet.

Anatomie und Sinnesorgane

Panzer

Der Panzer besteht aus einem tragenden Hautknochen-Gewölbe, dem schützende Hornschilde aufliegen. An den Berührungsstellen der Schilde, den »Nähten«, ist er am dünnsten. Dort wachsen die Hornschilde in die Breite. Farbe und Schnitt der Schilde sind charakteristisch für die Arten. Viele Wasserschildkröten stoßen regelmäßig die äußerste und damit älteste Hornschicht des Panzers ab. Bei besonderen Licht- und Wasserverhältnissen kann der Panzer veralgen, was nicht schadet.

Krallen

Die Krallen der Wasserschildkröten sind scharf und zum Klettern gut geeignet. Zwischen den Fingergliedern spannen sich Schwimmhäute, die im Wasser für Vortrieb sorgen. *Graptemys*-Männchen setzen ihre sehr langen Krallen bei der Balz ein.

Haut

Die Haut der Wasserschildkröten ist weicher und geschmeidiger als die Haut von Landschildkröten, was durch die kleinen Schuppen bedingt ist. Den Weichschildkröten fehlt selbst diese Beschuppung. Dadurch sind sie in der Lage, unter Wasser über die Haut zu »atmen«, also Sauerstoff aufzunehmen und CO_2 abzugeben. Sie müssen zum Luftholen nicht auftauchen. Die Haut verliert die oberste Hornhautschicht regelmäßig und in größeren Fetzen, wodurch sie erneuert wird.

Ohren

Die runde bis ovale Hautstruktur über dem Kiefergelenk hinter den Augen zeigt die Lage des Trommelfells an. Das Hörvermögen ist schwach; Wasserschildkröten hören nur Schwingungen niedriger Frequenzen, die sie unter Wasser besser wahrnehmen als an der Luft. Auch über den Panzer nehmen die Tiere Schwingungen wahr.

Augen

Die Schildkröte sieht sehr gut in der Ferne und erkennt so frühzeitig Feinde. In der Nähe sieht sie schlechter. Geschützt wird das Auge von einem Lidpaar. Die darunterliegenden Drüsen entzünden sich leicht bei Zugluft und schmutzigem Wasser.

Nase

Wasserschildkröten riechen unter Wasser hervorragend, weil sie einen reichlich mit Riechzellen versehenen Nasen-Rachen-Raum besitzen. Die Geruchstoffe, etwa von Pflanzensäften, Aas oder einem Geschlechtspartner, nehmen sie selbst in sehr geringer Konzentration wahr. Das führt sie auch in trüben Gewässern stets sicher zu ihrem Ziel.

Verhaltensweisen in freier Natur

Der Tagesablauf der Wasserschildkröten ist geprägt davon, ihre Körpertemperatur in einem optimalen Bereich zu halten, Nahrung zu suchen, zu ruhen und dabei nicht von Feinden entdeckt zu werden.

Einzelgänger Wasserschildkröten sind ihrem Wesen nach Einzelgänger. Gelegentliche Ansammlungen beim Sonnenbad erhöhen ihre Sicherheit, weil immer ein Tier nach Feinden Ausschau hält.

Temperaturregelung Schildkröten sind wechselwarme Tiere, die ihre Körpertemperatur nicht selbst erzeugen können. Um sich aufzuwärmen, nutzen sie die Sonnenstrahlen. Das geht besonders gut auf einer isolierenden Unterlage, etwa auf Holz oder warmem, trockenem Sand. Oft genügt es ihnen, an der Oberfläche ruhiger Gewässer zu treiben, die sich in den obersten Zentimetern besonders stark aufgewärmt haben. Wird es ihnen zu warm, kühlen sie sich in tieferen Wasserschichten wieder ab.

1 Beim Sonnenbad nimmt die Schildkröte eine Stellung ein, bei der die Strahlen möglichst senkrecht und damit wirksam auf den Panzer auftreffen.

2 Die Chinesische Dreikielschildkröte schaut aufmerksam in die Umgebung. So entdeckt sie frühzeitig auf dem Wasser treibendes Futter und auch Feinde.

Nahrungssuche Die Wasserschildkröten in diesem Ratgeber ernähren sich grundsätzlich sowohl von pflanzlicher als auch tierischer Kost (→ Porträts Seite 14 ff.). Pflanzenkost finden sie in krautreichen Gewässern unter Wasser und als zarte Ufergewächse. Fleischkost wird in jeder Form angenommen: Fische, Schnecken, Amphibien, Insekten und Aas. Die Gelbrand-Scharnierschildkröte frisst als Erwachsene auch an Land, während alle anderen Arten ihre Nahrung im Wasser aufnehmen. Je nach Art und Alter überwiegt der pflanzliche oder tierliche Anteil.

Das Verhalten der Jungtiere

Schutz vor Feinden Jungtiere sind aufgrund ihrer geringen Größe besonders leichte Beute für Greifvögel und Großechsen wie Warane oder Krokodile. Ihr Überleben sichern sie dadurch, dass sie zunächst einmal möglichst versteckt leben. Die beste Tarnung bieten am Ufer der Gewässer die Blätter großer Wasserpflanzen, außerdem verbergen sie sich zwischen krautigen Wasserpflanzen und Treibgut. Dort finden sie auch ihre Nahrung.

Nahrungssuche Jungtiere stöbern praktisch immer nach Futter. In den warmen Uferbereichen der Gewässer finden sie viele Kleinkrebse (Wasserflöhe), Schnecken und Insektenlarven. Das liefert das nötige Eiweiß und Vitamine.

Passen Wasserschildkröten zu Ihnen?

Wenn Sie Anfänger in der Schildkrötenhaltung sind, rate ich Ihnen vor der Anschaffung einer Schildkröte zum Studium dieses Ratgebers. Als zweiten Schritt empfehle ich Ihnen den Besuch eines Terrarienvereins in Ihrer Nähe (→ Adressen Seite 62). Sehr lehrreich ist auch der Besuch von Auffangstationen, die es sowohl in Deutschland, Österreich und der Schweiz gibt. Dort gibt man Tiere ab und zeigt Ihnen auch meistens die Maximalgröße.

Testen Sie sich!

Von manchen Arten der Wasserschildkröten ist eine Lebenserwartung in der Natur von 40 bis 60, ja sogar bis 110 Jahren bekannt. Bevor Sie sich also eine Art zulegen, die alt wird und einer langjährigen Pflege bedarf, möchte ich Sie bitten, sich die nachfolgenden Fragen zu beantworten. Wenn Sie mehrmals mit »Nein« antworten, dann sollten Sie sich Ihr Projekt noch einmal gründlich überlegen.

› Ein Aquarium mit 200 bis 400 Liter Fassungsvermögen wiegt mit Unterbau und Technik zusammen gut 250 bis 450 Kilogramm, wenn die Anlage mit Wasser gefüllt ist. Hält die Statik Ihrer Wohnung das aus und ist Ihr Vermieter damit einverstanden?

› Die meiste Zeit des Jahres sind selbst Pärchen unverträglich. Sind Sie bereit, ein zweites Aquarium für den Partner aufzustellen? Und gar ein drittes für die Aufzucht von Jungtieren?

› Sind Sie sich bewusst, dass laufende Kosten für den Betrieb der Anlage, für Futter und medizinische Behandlung entstehen?

› Sind Sie bereit, für einen guten tierärztlichen Rat eine halbe Tagesreise in Kauf zu nehmen, wenn in Ihrer Nähe keine angemessene Hilfe zu finden ist?

› Haben Sie Platz für eine Freianlage? Diese ist nach heutigem Standard einer guten Haltung immer der reinen Zimmerhaltung vorzuziehen.

Interessante Verhaltensbeobachtungen als Belohnung

Dies ist ein wichtiger Aspekt bei der Schildkrötenhaltung. In einem gut eingerichteten Aquarium von angemessener Größe (→ Porträts Seite 14 bis 21) und einer schönen Freianlage können Sie Faszinierendes aus dem Schildkrötenalltag miterleben.

1 Die Rotbauch-Spitzkopfschildkröte klettert selten an Land. Nur trächtige Weibchen sonnen sich dort häufiger und brauchen dann leichten Zugang.

2 Die Tropfenschildkröte geht oft an Land. Vor allem, wenn ihr Gewässer noch kalt ist, sonnt sie sich gerne auf erhöhten Geländestrukturen.

Einzeln gehaltene Tiere Nachdem sich Ihre Wasserschildkröte in der Sonne aufgewärmt hat, geht sie auf Futtersuche und durchstöbert dabei die ganze Anlage. In welches Versteck wird sie sich zur täglichen Ruhephase zurückziehen? Bei Tieren, die eine Winterruhe einlegen, können Sie die Vorbereitung dafür und das anschließende Aktivwerden im Frühjahr beobachten.

Mehrere Tiere Spannend ist, ob sie sich vertragen und ob die Paarung nach Plan abläuft. Das Zeitigen der Eier und die Aufzucht der Jungtiere gilt als Höhepunkt einer erfolgreichen Haltung.

Nur unter Aufsicht: Hunde können Ihre Schildkröte ernsthaft verletzen, wenn sie mit ihr allein sind.

Weitere Pluspunkte Da Schildkröten recht alt werden können, haben Sie lange Zeit Freude an Ihrem Mitbewohner. Und selbst wenn Sie Tierhaar-Allergiker sind, brauchen Sie sich vor einer Wasserschildkröte nicht zu fürchten.

Wasserschildkröten für Kinder

Hier sind zuerst einmal Sie als Eltern gefragt, denn die Verantwortung dafür, dass es der Schildkröte an nichts mangelt, liegt bei Ihnen. Kinder ab einem Alter von sechs Jahren können unter Ihrer Anleitung schon sehr gut lernen, Verantwortung für stets sauberes Wasser und regelmäßige Fütterungen zu übernehmen. Ihr Beobachtungsvermögen ist oft besser als das der Erwachsenen, weil sich Kinder dazu viel mehr Zeit nehmen. Und das kommt mit den Jahren dann der Haltung zugute.

Vermitteln Sie Ihren Kindern, dass Schildkröten Wildtiere und keine Schmusetiere sind und dass sie mit Distanz behandelt werden wollen. So zeigt die Schildkröte das scheue »Wildtierverhalten« oft wieder, wenn sie in den Gartenteich gesetzt wird.

Wasserschildkröten und andere Heimtiere

Haben Sie einen Hund oder eine Katze, können Sie die Tiere nicht mit Ihrer Schildkröte allein lassen. Hunde kauen gerne mal auf einer Schildkröte, wenn sie in die Schnauze passt. Oder sie schubsen sie »nur« über den Boden, was Ihre Schildkröte erheblich in Stress versetzt. Katzen tun das übrigens genauso, wie mir eine Züchterin erzählte: Die Katze ihrer Bekannten verhielt sich friedlich, solange diese zugegen war. Kaum waren Katze und Schildkröte allein, fischte sich der Stubentiger die Schildkröte aus dem Terrarium und spielte Fußball mit ihr. Ratten, Frettchen und Papageien könnten ebenfalls an jungen Schildkröten interessiert sein. Hamster, Meerschweinchen oder Mäuse sowie Singvögel sollten keine Gefahr darstellen.

Wenn Sie Urlaub machen

Suchen Sie sich beizeiten eine fachkundige Urlaubsvertretung zur Pflege Ihrer Schildkröte und der Anlage. Wenn Sie schon gute Kontakte zu einem Terrarienverein haben, wird Ihnen das umso leichter fallen. Informieren Sie Ihre Vertretung über die Eigenheiten Ihrer Schildkröte und bereiten Sie eine entsprechende Checkliste (→ rechts) vor.

Hinweise zu den Porträts

Ich führe auf den folgenden Seiten nur Arten auf,

› die im deutschsprachigen Raum nachgezogen werden.

› die meistens so klein bleiben, dass sie ganzjährig auch in einem Aquarium bzw. Aquaterrarium leben können, falls Sie absolut keine Möglichkeit für eine Freianlage haben. Dann empfehle ich Ihnen aber dringend, die in den Porträts genannten Mindestanforderungen für die Anlagengröße um wenigstens 50 % zu übertreffen.

› bei denen eine reelle Chance besteht, dass sie sich als Pärchen in der Paarungszeit ohne Stress und Beißereien vertragen.

Ausgelassen habe ich Arten mit besonders anspruchsvollen Pflegebedingungen, etwa Weichschildkröten. Nach ein paar Jahren Erfahrung und dem Studium weiterführender Literatur (→ Seite 62) können Sie sich dann auch bewusst für eine hier nicht empfohlene Art entscheiden.

Versorgung im **Urlaub**

DIESE INFOS BRAUCHT IHR BETREUER

FUTTER	Legen Sie Menge und Zusammensetzung des Futters und den Zeitpunkt der Fütterung fest.
VERHALTEN	Erläutern Sie das Normalverhalten Ihrer Tiere. Sprechen Sie auch Besonderheiten im Verhalten an, wie Balzrituale oder erste Anzeichen der Winterruhe.
TIERARZT	Hinterlassen Sie dessen Anschrift und Telefonnummer.
REINIGUNG	Wie und wie oft muss man das Wasser im Aquarium wechseln, den Bodengrund durchspülen und den Filter reinigen?
TECHNIK	Erläutern Sie, woran man eine funktionierende Technik erkennt.
SICHERUNGEN	Wo befinden sich der Sicherungskasten und der FI-Schalter? Welche Sicherungen gehören zur Schildkrötenanlage?
EIABLAGE	Treffen Sie alle Maßnahmen für eine mögliche Eiablage.

Emys orbicularis

Europäische Sumpfschildkröte

Unterarten 11, darunter *Emys orbicularis orbicularis* (Mitteleuropa), *E. o. hellenica* (Po-Ebene, Balkan), *E. o. fritzjuergenobsti* (Spaniens Mittelmeerküste).
Schutzstatus Die Haltung ist meldepflichtig; Tiere in freier Wildbahn sind besonders geschützt nach dem Bundesnaturschutzgesetz (BNatSchG). Bitte informieren Sie sich über eventuelle Aktualisierungen bei der Unteren Naturschutzbehörde in Ihrer Stadt oder Ihrem Landkreis.
Größe Männchen im Durchschnitt 16 cm und 600 g, Weibchen 17 cm und 800 bis 900 g; zweijährige Jungtiere etwa 5 bis 7 cm, ca. 60 g.
Verbreitung Mittel- und Südeuropa, Balkan, Nordwestafrika.
Lebensraum Uferbereiche von Gewässern aller Art, wie Flüssen oder Seen.
Lebensweise Amphibisch, das heißt sowohl im Wasser als auch an Land lebend.
Haltung Ganzjährig im Aquaterrarium möglich. Wasserteil mindestens 120 × 50 cm Grundfläche und 40 cm Höhe (= 240-Liter-Becken). Landteil 35 × 50 × 20 cm. Die Größe reicht für die Haltung eines erwachsenen Pärchens während der Paarungszeit. Wassertemperatur 23 bis 25 °C. Bei reiner Aquaterrarienhaltung UV- und Tageslicht-Versorgung. Empfehlung: Besser ist eine ergänzende Freilandhaltung (→ Seite 38).
Verhalten Schwimmt gut, geht gerne auch zum Sonnenbaden an Land, ist manchmal scheu.
Ernährung Fleischkost, nimmt auch im Alter kaum Pflanzenkost (10 %).
Winterruhe In Mitteleuropa etwa von Ende September bis Ende März/April (6 bis 7 Monate). Ich empfehle eine Überwinterung unter kontrollierten Bedingungen in einer Überwinterungswanne (→ Seite 50) um 5 °C, nach Pawlowski (→ Literatur Seite 62) auch bei 12 bis 15 °C.
Besonderes Weibchen müssen außerhalb der Paarungszeit getrennt vom Männchen gepflegt werden. Eiablage etwa ab Juni, meistens abends. Gelege mit einem Dutzend Eiern oder mehr in ca. 10 cm Tiefe. Die Zeitigungsdauer beträgt rund drei Monate. In der »DGHT AG Schildkröten« (→ Adressen Seite 62) gibt es einen Arbeitskreis *Emys/Mauremys*, in dem in Deutschland ebenso wie in Österreich und der Schweiz unterartenreine Nachzuchten betrieben werden. Ich empfehle Ihnen ausschließlich solche Nachzuchten zum Erwerb.
Ähnlich zu pflegen Kaspische Sumpf- oder Bachschildkröte (*Mauremys caspica;* synonym auch: *Mauremys rivulata*); Männchen bis 20 cm, Weibchen bis 25 cm Größe. Die Haltung ist auch hier meldepflichtig; Schutzstatus wie bei der Europäischen Sumpfschildkröte (*Emys orbicularis*).

Emydura subglobosa

Rotbauch-Spitzkopfschildkröte

☼

Unterarten Zwei (je nach Autor): *Emydura subglobosa subglobosa* und *E. s. worrellii.*
Schutzstatus In der EU ohne.
Größe Männchen im Durchschnitt 17 cm, Weibchen 18 cm, zweijährige Jungtiere etwa 10 cm. Tiere, deren Vorfahren aus Australien stammen, können etwas größer (25 cm) werden.
Verbreitung Südliches Neuguinea und benachbarte Nordspitze Australiens (Cape York; Jardine River und Zuflüsse).
Lebensraum Große Gewässer (Seen und Flüsse).
Lebensweise Aquatisch, das heißt im freien Wasser lebend.
Haltung Freilandhaltung nur zu heißen Zeiten im Hochsommer oder mit temperiertem Gewächshaus. Sonst Aquarienhaltung mit mindestens 150 × 50 cm Grundfläche und 40 cm Wasserstand (= 300-Liter-Becken) für 1 bis 2 Tiere. Landteil zur Eiablage 40 × 50 × 20 cm. Wassertemperatur 25 °C von November bis Februar, das entspricht dem australischen Winter (Juni–September) – die Tiere lassen sich problemlos umstellen; und 27 °C für den Rest des Jahres. Lufttemperatur tagsüber etwa 2 °C höher einstellen als die Wassertemperatur. Bei reiner Aquarienhaltung ist die Versorgung mit UV- und Tageslicht notwendig. Der Ort der Bestrahlung richtet sich nach dem bevorzugten Ruheplatz der Schildkröte, kann also auch über Wasser liegen, falls sich das Tier an der Wasseroberfläche treibend sonnt.
Verhalten Schwimmt sehr gut, hält sich selten an Land auf, ist manchmal scheu.
Ernährung Jungtiere brauchen täglich Fleischkost wie Krebstierchen oder Insekten und deren Larven, Halbwüchsige und Erwachsene zunehmend Pflanzen (Gemischtkost). Täglich wechselnde Zusammensetzung und Menge. Gute Esser mit immerwährendem Appetit, deshalb bei älteren Tieren jeden zweiten Tag einen Fastentag einlegen und dann nur kleinste »Appetithappen« reichen, die mehr der Beschäftigung als der Ernährung dienen. Gewichtskontrolle durchführen!
Besonderes Interessantes Balzverhalten, bei dem das Pärchen vor der Paarung Kopfkontakt herstellt und das Männchen mit dem Kopf nickend mit einem Vorderbein am Kopf des Weibchens »fächelt«. April bis Juni etwa 7 bis 10 Eier pro Gelege. Mehrfache Eiablagen pro Jahr möglich. Zeitigungsdauer 6 bis 7 Wochen bei 28 °C. Sogenannte Halswender-Schildkröte (→ »Besonderes« Seite 18).
Ähnlich zu pflegen Schwarze Dickkopfschildkröte (*Siebenrockiella crassicollis*). Heimisch in Südostasien. Männchen wie Weibchen bis 20 cm groß. Fleischkost. Nicht mit anderen Arten vergesellschaften, da die eher ruhige Dickkopfschildkröte sonst leicht unterdrückt wird.

Sternotherus odoratus

Gewöhnliche Moschusschildkröte

☽ ❄

Unterarten Keine.
Schutzstatus Bei uns ohne; ist in den USA regional bedroht.
Größe Männchen im Durchschnitt bis 10 cm, Weibchen bis 9 cm.
Verbreitung Vom Südosten Kanadas über die östlichen USA bis nach Florida.
Lebensraum Weicher Boden stiller und langsam strömender Gewässer mit zahlreichen Unterständen (Wurzeln, Steinformationen).
Lebensweise Im Wasser (aquatisch) in Ufernähe lebend; kommt selten an Land.
Haltung Einzelhaltung im Aquaterrarium mit 2 cm Sandboden, 100 × 40 cm Grundfläche und 50 cm hoch (= 200-Liter-Becken); Wasserstand für erwachsene Tiere: 25 bis 30 cm (entspricht 100 Liter Wasser), Wasserstand für Jungtiere: 10 bis 15 cm (entspricht 40 bis 60 Liter Wasser). Landteil zur Eiablage 40 × 30 × 12 cm. Wassertemperatur 25 °C, Lufttemperatur 26 bis 27 °C. Die Schildkröte sonnt sich selten und dann direkt unter der Wasseroberfläche, wo Tageslicht und UV-Licht hingelangen müssen. Die Schildkröte braucht zum Luftholen Kletterhilfen (→ Seite 31). Moschusschildkröten bevorzugen unter Wasser Höhlen als Versteck mit leichtem Zugang zur Oberfläche, zum Beispiel eine Korkröhre (→ Seite 37).
Verhalten Ist auch in der Dämmerung aktiv. Hält sich tagsüber versteckt. Läuft am Gewässerboden, klettert zur Wasseroberfläche. Schwimmt ungern.
Ernährung Fleischkost. Jungtiere brauchen sie täglich, halbwüchsige und ausgewachsene Tiere werden zunehmend mit eingeschobenen »Fastentagen« kurz gehalten. Futter am Gewässerboden auslegen, wo die Futteraufnahme erfolgt, aber auch am Ufer, wo »Anflugnahrung« (wie Grillen) auf dem Wasser treibt. Gute Esser mit immerwährendem Appetit, deshalb bei erwachsenen Tieren jeden zweiten Tag einen Fastentag einlegen und dann nur kleinste »Appetithappen« reichen, die mehr der Beschäftigung als der Ernährung dienen. Gewichtskontrolle durchführen!
Winterruhe Je nördlicher die Herkunft, desto eher möchten die Tiere in Winterruhe gehen (beobachten, → Seite 50). Bei Bedarf Überwinterung von November bis Februar (2 bis 3 Monate) bei 5 bis 10 °C. Die Tiere überwintern an Land in »nebelfeuchtem« Rindenmulch, das heißt, in der Überwinterungskiste muss mehr als 90 % Luftfeuchtigkeit herrschen. Sind empfindlich gegen Austrocknung.
Besonderes Wenn Sie ein Pärchen pflegen, müssen Sie es außerhalb der Paarungszeit getrennt halten. Gelege mit 2 bis 4 Eiern, Entwicklungszeit 11 bis 12 Wochen. Die Jungtiere sind zum Zeitpunkt des Schlupfes nicht größer als ein Maikäfer.

Mauremys sinensis

Chinesische Streifenschildkröte

☼ ❄ (je nach Herkunft)

Unterarten Vermutet, aber bisher nicht bekannt; häufig bastardiert durch kommerzielle Zuchten in China. Synonyme: *Ocadia sinensis, Emys sinensis.*
Schutzstatus WA III; EG-Verordnung 1320/2014 Anhang C. Auskunft über den aktuellen Stand der Umsetzung dieser Verordnungen erteilt die Untere Naturschutzbehörde.
Größe Männchen bis etwa 18 cm; Achtung: Weibchen bis 25 cm und über 2 kg schwer!
Verbreitung Vom Südosten Chinas bis nach Vietnam und Laos.
Lebensraum Flache, stehende und langsam fließende Gewässer, Tümpel. Wurzel- und krautreich.
Lebensweise Halb aquatisch: abwechselnd Aufenthalte im Wasser und an Land; »Sonnenanbeter«.
Haltung Für Weibchen wegen ihrer Größe ein Muss: Freianlage mit Glashaus (→ Seite 38). Dort werden 36 °C Körper- und 22 bis 24 °C Wassertemperatur erreicht. Das Glashaus samt Technik gewährleistet diese Temperaturen auch im Frühjahr und Herbst. Sonnen auf Baumstamm oder Insel. Große Weibchen bevorzugen tiefes Wasser (60 bis 100 cm), Jungtiere und Männchen das Ufer oder die Wasseroberfläche. Die kleineren Männchen können notfalls einzeln ganzjährig im Aquaterrarium gepflegt werden: 120 x 50 cm Grundfläche, 40 cm Wasserstand, nicht abdecken. Wassertemperatur 22 bis 24 °C, Luft 24 bis 26 °C, Sonnenplatz 40 bis 45 °C. Schattenspendende Deckung an der Wasseroberfläche. Freiwasser, Klettermöglichkeiten unter Wasser (Wurzeln, Sisaltaue), trockener Sonnenplatz im Terrarium bei 40 °C (50 x 50 cm).
Verhalten Tagaktiv, schwimmt frei, liebt aber zugleich Unterwasserlabyrinthe zum Klettern und Verstecken. Ausgiebige Sonnenbäder.
Ernährung Gemischtkost. Je 50 % tierisches Futter und Pflanzenkost.
Winterruhe Bei Bedarf entsprechend der Herkunft aus dem nördlichen Verbreitungsgebiet. Im Wasser, abgedunkelt unter 10 °C für gut 3 Monate (Anfang Dezember bis Mitte März). Die Schildkröte im Spätsommer gut beobachten und bei ersten Anzeichen zur Winterruhe (Appetitlosigkeit) aus dem Teich entfernen. Sonst vergäbt sie sich darin. Tiere aus Kambodscha und Vietnam geraten nie in Temperaturen unter 20 °C. Eine »Sommerruhe« ohne Fütterung ist möglich. Bei Bastarden hilft nur, ihre Vorliebe mithilfe einer Temperaturorgel (→ Seite 26) zu ergründen.
Besonderes Für Anfänger Einzelhaltung. Gelege mit 8 bis 16 Eiern, in der Regel zweimal jährlich ab Mai bis Juni. Inkubationszeit der Eier 65 bis 75 Tage, je nach Temperatur (26 bis 28 °C).
Ähnlich zu pflegen Chinesische Dreikielschildkröte *(Chinemys reevesii).*

Chelodina longicollis

Glattrücken-Schlangenhalsschildkröte

☼

Unterarten Keine.
Schutzstatus In der EU ohne.
Größe Männchen im Durchschnitt bis 18 cm, Weibchen bis 20 cm.
Verbreitung Östliches Australien.
Lebensraum Sümpfe, ruhige Gewässer aller Art.
Lebensweise Im Wasser (aquatisch) in Ufernähe.
Haltung Aquarium, 120 × 50 cm Grundfläche, 40 bis 50 cm Wasserstand (entspricht 240 bis 300 Liter Wasser) reicht für zwei Tiere (zwei Weibchen) aus. Männchen müssen getrennt gehalten werden (ein 200-Liter-Aquarium reicht für ein Tier aus). Wassertemperatur 25 bis 27 °C, Lufttemperatur 28 °C. Fester Landteil, 40 × 50 cm Grundfläche, 20 cm Seitenhöhe (→ Seite 37), wird über der Wasserfläche montiert und ist über eine Rampe vom Wasser aus erreichbar. Wird der Landteil zum Sonnen genutzt, den Spotstrahler darauf richten; wenn nicht, dann das Ende der Rampe anstrahlen, wo sich die Tiere ebenfalls sonnen, indem sie halb aus dem Wasser herausklettern. Die Art nimmt im warmen Wasser selten ein Sonnenbad, deshalb können Sie den Spotstrahler auch mal ein paar Tage abschalten. Beobachten Sie Ihr Tier und stellen Sie den Strahler immer wieder mal versuchsweise an.
Verhalten Lebhafte Schwimmer, in der Regel klettern nur die Weibchen zum Sonnenbad an Land. Dies geschieht in der Zeit, in der sich ihre Eier entwickeln. Sonst wird der Landteil überwiegend zur Eiablage genutzt. Die verträglichen Tiere werden während der Paarungszeit vorübergehend bissig.
Ernährung Die lebhaften Tiere freuen sich über Lebendfutter, das sie jagen können, wie Heimchen oder Krebstiere.
Winterruhe Absenkung der Wassertemperatur von Dezember bis Februar (3 Monate) auf 15 bis 16 °C ist für Tiere förderlich, deren Vorfahren aus dem Südosten Australiens stammen. Sie haben die entsprechenden genetischen Anlagen dazu behalten. Die Tiere fressen in dieser Zeit weniger und sind nicht so aktiv, halten aber keine echte Winterruhe. Fragen Sie den Züchter und beobachten Sie Ihr Tier unter der Temperaturorgel (→ Seite 26).
Besonderes Gehört zu den »Halswender«-Schildkröten, das heißt, sie schützt ihren Kopf und den langen Hals, indem sie ihn seitlich zwischen Bauch- und Rückenpanzer legt. Die Tiere verlieren – wachstums-, nicht krankheitsbedingt (→ Umschlagklappe hinten) – regelmäßig Hornschichten des Panzers, die sich dann großflächig ablösen können. Gelege mit 8 bis 18 Eiern; Jungtiere schlüpfen nach 8 bis 10 Wochen. Ich führe eigene Zuchterfolge in den 1980er-Jahren auf eine vollwertige Ernährung mit ganzen, frischtoten Fischen (Guppys) und nestjungen Mäusen (Frostfutter, Zoofachhandel) zurück.

Graptemys pseudogeographica

Falsche Landkarten-Höckerschildkröte

Unterarten Zwei, Missouri-Höckerschildkröte *(Graptemys pseudogeographica pseudogeographica)* und Mississippi-Höckerschildkröte *(Graptemys pseudogeographica kohnii)*.
Schutzstatus WAII, EG Verordnung 1320/2014 Anhang B, »streng geschützt« nach BNatSchG. Aktualisieren durch Rückversicherung bei der Unteren Naturschutzbehörde.
Größe Männchen bis etwa 15 cm; Achtung: Weibchen bis 27 cm und über 2 kg schwer! Können bei guter Pflege bis zu 60 Jahre alt werden.
Verbreitung USA, entlang der Flüsse Missouri und Mississippi abwärts bis zur Mündung.
Lebensraum Die genannten Flüsse mit ihren Nebenflüssen, Weihern und Seen. Sie müssen krautreich sein (Versteck und Nahrung) und Sonnenplätze bieten, also Bulte (Kuppen, Büschel aus Gras oder Binsen) und Baumstämme – umgeben von tiefem Wasser (mindestens 60 cm).
Lebensweise Aquatisch, das heißt, im freien Wasser lebend; gute Schwimmer und Kletterer.
Haltung Für Weibchen wegen ihrer Größe ein Muss: Freianlage mit Glashaus (→ Seite 38). Dort werden 36 °C Körper- und 25 bis 28 °C Wassertemperatur erreicht. Das Glashaus samt Technik gewährleistet diese Temperaturen auch im Frühjahr und Herbst. Sonnen auf Baumstamm oder Insel. Große Weibchen bevorzugen tiefes Wasser (60 bis 100 cm), Jungtiere und Männchen das Ufer oder die Wasseroberfläche. Die kleineren Männchen können notfalls einzeln ganzjährig im Aquaterrarium gepflegt werden: 120 x 50 cm Grundfläche, 40 cm Wasserstand, nicht abdecken. Wassertemperatur 26 bis 28 °C; Luft 28 bis 30 °C, Sonnenplatz 40 bis 45 °C. Schattenspendende Deckung an der Wasseroberfläche.
Verhalten Tagaktiv, lebhaft, schwimmt gut. Nahrungssuche wechselt mit Sonnenbädern ab.
Ernährung Gemischtkost. Schnecken, Insekten und Fisch mit vegetarischem Schwerpunkt bei Weibchen zu 85 %, bei Männchen zu 50 %.
Winterruhe Im Wasser, abgedunkelt stets unter 10 °C. Mississippi-Höckerschildkröte für 3 Monate (Dezember bis Ende Februar). Die weiter nördlich lebende Missouri-Höckerschildkröte überwintert 5 Monate (Anfang November bis Ende März).
Besonderes Männchen mit deutlich längeren Krallen. Für Anfänger Einzelhaltung. *Graptemys pseudog. kohnii* legt bis zu 8 Eier, *Graptemys pseudog. pseudog.* bis zu 14 Eier. Entwicklungszeit bis 89 Tage – je nach Temperatur (23 bis 30 °C).
Ähnlich zu pflegen Tropfenschildkröte (*Clemmys guttata*), 10 cm. WA Anhang II, EG-Verordnung Anhang B, Amtlich kontrollierter Handel. Nur vom einheimischen Züchter.

Kinosternon baurii

Scharnierschildkröte

☼ ❄

Unterarten Zwei, *Kinosternon baurii palmarum*, *Kinosternon baurii baurii*.
Schutzstatus In der EU ohne; es gibt aber bedrohte Bestände in den USA, hauptsächlich durch Trockenlegen von Feuchtgebieten.
Größe Männchen bis ca. 12 cm, Weibchen mit 9 cm etwas kleiner bleibend.
Verbreitung Florida, südliches Georgia.
Lebensraum Sümpfe und ruhige Gewässer mit weichem Bodengrund.
Lebensweise Im Wasser in der Uferregion.
Haltung Aquarium, 100 × 40 cm Grundfläche und 50 cm hoch (= 200-Liter-Becken), Wasserstand für Jungtiere: 5 cm (entspricht 20 Liter); mit zunehmendem Wachstum den Wasserspiegel schrittweise erhöhen bis maximal 30 cm (entspricht ca. 120 Liter) für ausgewachsene Tiere. Vorzugs-Wassertemperatur je nach Herkunft der Vorfahren zwischen 18 und 28 °C möglich (beim Züchter nachfragen und/ oder durch Temperaturorgel testen (→ Seite 26). Fadenalgen, Wasserpest oder Hornkraut als Deckung einbringen. Versteckplatz im Wasser unter dem eingehängten Landteil mit Schaumstoffwürfeln – 3 cm Kantenlänge – versehen. Feinsandiger, weicher Boden, 2 bis 2,5 cm dick, im Wasser. Wurzeln und Sisaltaue mit 4 cm Durchmesser als Kletterhilfe unter Wasser zum Sonnenplatz und zum Luftholen anbieten. Als Sonnenplatz einen Baumstumpf in die Mitte stellen. Landteil 40 × 40 cm Grundfläche, 15 cm Seitenhöhe, Laubwalderde-Sandgemisch im Verhältnis 1:1 12 cm hoch einfüllen. Tageslichtzugang; UV-Lampe über Sonnenplatz anbringen. Steinplatten unter Wasser.
Verhalten Ist etwas scheu und ruhig. Klettert viel unter Wasser, kann zur Not auch leidlich schwimmen. Verträglich, auch als Pärchen. Meist ist aber eine Trennung wegen des aufdringlichen Männchens erforderlich.
Ernährung Fleischkost zu 75 bis 80 %; in der Natur bevorzugt sie Wasserschnecken.
Winterruhe November bis Februar (3 bis 4 Monate) zwischen Schaumstoffwürfeln unter Wasser. Absenkung der Wassertemperatur auf 7 bis 13 °C je nach Herkunft der Vorfahren (beobachten). Tiere, deren Vorfahren aus dem Süden Floridas stammen (dortige Januar-Durchschnittstemperatur 19 °C), halten keine Winterruhe. Manche Tiere halten auch Sommerruhe (→ Umschlagklappe hinten).
Besonderes Zwei Scharniere am Bauchpanzer (Name!) lassen ein Schließen der Panzeröffnungen zu. Gelege aus 1 bis 8 Eiern im Frühjahr, zwei weitere Gelege pro Jahr möglich. Nach 3 bis 5 Monaten schlüpfen die nur 20 bis 25 mm großen Jungtiere. Scharnierschildkröten werden erst mit 5 bis 7 Jahren geschlechtsreif. Das Männchen besitzt am Schwanzende einen Hornnagel und Haftpolster an den Hinterbeinen.

Cuora flavomarginata flavomarginata

Gelbrand-Scharnierschildkröte

☼ ❄

Unterarten Zwei weitere (je nach Autor): *C. f. evelynae, C. f. sinensis.*
Schutzstatus WAII, EG Verordnung 1320/2014 Anhang B, »streng geschützt« nach BNatSchG. Aktualisieren durch Rückversicherung bei der Unteren Naturschutzbehörde.
Größe Männchen und Weibchen bis etwa 20 cm.
Verbreitung *C. f. flavomarginata*: Taiwan, *C. f. evelynae*: Riukiu-Inseln, *C. f. sinensis*: Südchina.
Lebensraum Sümpfe, Feuchtgebiete mit offenen Wasserlachen, ruhige, schattige Fließgewässer.
Lebensweise Halbaquatisch, also im Wasser und an Land leben; als Jungtiere nur im Wasser.
Haltung Aquaterrarium, 150 × 60 cm Grundfläche und 60 cm hoch (= 540-Liter-Becken). Wasserstand maximal etwa 12 cm (entspricht 36 Liter Wasser), denn das Tier muss – auf dem Boden stehend – den Kopf leicht über die Wasseroberfläche recken können. Kleiner Filter mit »Wasserfall« als Rücklauf sorgt für die erforderliche relative Luftfeuchtigkeit von über 60 %. Wassertemperatur zwischen 23 und 28 °C, Vorzugstemperatur mithilfe der Temperaturorgel testen (→ Seite 26). Lufttemperatur tagsüber 23 bis 30 °C, nachts 22 bis 24 °C. Landteil 100 × 60 cm Grundfläche, 20 cm Seitenhöhe. Bequemen Zugang zum Landteil über Astwerk oder Steinplatten-Stufen schaffen. Landteil mit Grasbüscheln und Korkhöhlen, dazu blattreiche Bepflanzung als Versteck. Den Wärmestrahler teils auf die Rampe, teils auf den Landteil richten. Tageslichtzugang; UV-Lampe anbringen. Freilandhaltung im Hochsommer möglich, dann in Freianlage für Landschildkröten mit angemessenem Schwimmraum halten.
Verhalten Ist eher scheu. Variantenreiche Balz und Paarung an Land, auch im Wasser. Einzelhaltung, denn in der Regel unverträglich. Männchen sind sehr aggressiv gegeneinander und auch gegen Heranwachsende. Flinke Jäger an Land.
Ernährung Überwiegend Fleischkost, 10 % Zugabe von reifen Früchten, wie Banane, Kiwi, Orange und Wassermelone. Tiere auf dem Landteil füttern.
Winterruhe Dezember bis Januar (2 Monate) bei 17 bis 18 °C in einer Überwinterungskiste (→ Seite 51); dies ist Voraussetzung für die Fortpflanzung.
Besonderes Zwei Scharniere am Bauchpanzer (Name!) lassen ein Schließen der Panzeröffnungen zu. Gelege vier Wochen nach der Paarung im Frühjahr, in der Regel mit 1 bis 3 Eiern. Schlupf der etwas über 30 bis 40 mm großen Jungtiere nach 6 bis 11 Wochen. Zweitgelege im Abstand von 1 bis 2 Monaten möglich. Die Art ist die am seltensten vermehrte Schildkröte aus diesem Ratgeber. Ein verstärktes Engagement in der Vermehrung dieser Art ist daher sehr zu empfehlen. Synonym: *Cistoclemmys flavomarginata flavomarginata.*

Wie Sie zu Ihrer Wasserschildkröte kommen

Ihr Entschluss steht fest, sich eine Wasserschildkröte anzuschaffen. Doch woher bekommen Sie diese? Als Quellen kommen der gut sortierte Zoofachhandel und Züchter sowie Reptilien-Auffangstationen infrage. Dort erhalten Sie Nachzuchttiere, die viele Vorteile haben:

› Sie entsprechen den geltenden Arten- und Naturschutzbestimmungen.

› Sie können die genauen Haltungsbedingungen erfragen. Das ist vor allem bei Arten besonders hilfreich, deren Verbreitungsgebiet eine große Nord-Süd-Ausdehnung hat und die infolgedessen verschiedene Klimazonen bewohnen, die spezifische Haltungsbedingungen erfordern. Beispiele dafür sind die Falsche Landkarten-Höckerschildkröte, die Chinesische Dreikielschildkröte oder die Gelbrand-Scharnierschildkröte (→ Porträts Seite 19 und 21). So bekommen Sie verhältnismäßig sichere Hinweise über den bevorzugten Temperaturbereich und ob die Art eine Winterruhe einlegen will.

› Wenn Sie Ihre Schildkröte von einem Züchter erworben haben, dann dürfen Sie sicher auch dessen Schildkrötenanlage besichtigen. Das sagt mehr als tausend Worte.

Wenn Sie dann aus den Arten, die ich Ihnen in diesem Ratgeber vorstelle (→ Seite 14 bis 21), ein Tier auswählen, sind Sie als Anfänger meiner Meinung nach bestens beraten.

Aus Auffangstationen Von Auffangstationen, Tierheimen und Zoologischen Gärten bekommen Sie unter Umständen Tiere kostenlos. Nicht immer sind diese den Vorbesitzern zu groß, manchmal nur lästig geworden.

Wasserschildkrötenmännchen (rechts) haben einen deutlich längeren Schwanz als ihre Weibchen, die Schwanzbasis ist breiter.

Welches Tier soll es sein?

Als nächstes steht die Frage an, welche Schildkröte sich am besten eignet.

Männchen oder Weibchen Die Männchen der meisten in diesem Buch genannten Arten bleiben in der Regel kleiner als die Weibchen. Das könnte für Sie wichtig sein, falls Sie bei der Größe der Unterkunft sparen müssen. Zwei Männchen in einer Anlage vertragen sich nicht oder nur kurzzeitig. Dann müssen sie getrennt werden. Es besteht sonst Verletzungsgefahr. Zwei Weibchen in einer Anlage haben – je nach Art – mehr Aussicht auf Erfolg. Allerdings ist ständiges Beobachten nötig.

Gleich ein Pärchen? Ein geschlechtsreifes Pärchen, gleich nach der Winterruhe vergesellschaftet, kommt in der Regel bis in die Paarungszeit gut mit-

einander aus. Danach benötigen Sie in der Regel zwei Unterbringungsmöglichkeiten.
Den Aufbau einer Zuchtgruppe empfehle ich Ihnen erst, wenn Sie mindestens drei bis vier Jahre Erfahrung gesammelt haben. Wenn Sie dann züchten wollen, aber nicht genügend Platz haben für mehrere Aquarien bzw. Aquaterrarien, suchen Sie sich eine Zuchtgemeinschaft, bei der Sie die Tiere zur Paarung austauschen und den Nachwuchs teilen.
Junge oder alte Schildkröte? Ganz junge Schildkröten sind zwar umwerfend »süß«, doch die Haltung ist eine verantwortungsvolle Aufgabe. Nur bei fachgerechter Fütterung und Pflege wächst eine junge Schildkröte gesund und ohne Panzerverformungen (→ Seite 59) heran. Panzererweichung und -verformung sind gar nicht so selten, wenn die Tiere falsch, oftmals zu reichlich, ernährt werden. Leichter ist dagegen die Pflege einer halbwüchsigen oder ausgewachsenen Schildkröte mit schon gefestigten Knochenstrukturen.

Der Heimtransport

Wenn Sie endlich die Schildkröte Ihrer Wahl nach Hause tragen dürfen, dann erhalten Sie dazu vom Verkäufer einen geeigneten Transportbehälter. Er enthält kein Wasser. Das wäre wegen der zu erwartenden Schaukelei tierschutzwidrig. Verlangen Sie vom Verkäufer auf jeden Fall eine möglichst detaillierte Kaufbescheinigung mit Angaben zur Art, zum Geschlecht und Schutzstatus.
Jungtiere Sie werden in der Regel in kleine Plastikboxen (»Fauna-Box«, Zoofachhandel) gesetzt. Als Teppich eignet sich ein nasses Schwammtuch. Reißen Sie ein weiteres Schwammtuch in fünf mal fünf Zentimeter große Stücke und streuen diese über das Tier. So entsteht ein Transportbehälter mit Wasserspeicher und Rückendeckung (Versteck) für

Für Anfänger besonders geeignet

Oft werde ich gefragt, ob es einfach zu haltende, klein bleibende Schildkröten gibt, die auch Anfängerfehler verkraften. Leider nicht! Trotzdem nenne ich Ihnen ein paar Arten, die ich Anfängern empfehlen kann, und die Gründe dazu:

EINHEIMISCHE NACHZUCHTEN	Alle im Steckbrief genannten Arten sind als regionale Nachzuchten erhältlich, sodass die Wahrscheinlichkeit gering ist, dass Sie ein Tier bekommen, das durch einen entbehrungsreichen Transport geschwächt oder erkrankt ist.
ZIMMERHALTUNG MÖGLICH	Die genannten Arten können mit der richtigen Technik ganzjährig im Raum gehalten werden.
UNKOMPLIZIERT	Ihre Lebensansprüche sind auch von Anfängern relativ einfach zu befriedigen, das heißt, sie kommen ohne allzu komplizierte Technik und ohne anspruchsvolle Fütterung aus.

DIE AUSGEWÄHLTEN ARTEN

ROTBAUCH-SPITZKOPF-SCHILDKRÖTE	Vorteil: keine Überwinterung. Nachteil: großes Aquarium erforderlich.
SCHARNIER-SCHILDKRÖTE	Vorteil: bleibt recht klein. Nachteil: Sie müssen den optimalen Temperaturbereich testen (Züchter fragen oder selbst testen), eventuell Winterruhe.
GEWÖHNLICHE MOSCHUS-SCHILDKRÖTE	Vorteil: recht klein, technischer Aufwand gering. Nachteil: Winterruhe ist anspruchsvoll.

Ihren Schützling. Bei geschlossenem Deckel können Sie das Tier darin drei bis sechs Stunden transportieren. Ist es kälter oder heißer, als in den Porträts unter »Haltung« angegeben, stellen Sie die Box in einen Styroporkasten mit Deckel.

Halbwüchsige und ausgewachsene Tiere Sie sind gegen Austrocknen nicht so empfindlich wie Jungtiere und werden in einen trockenen Beutel aus Nessel mit außen liegender Naht gesteckt. Dieses »Bündel« packt man auf mehreren Lagen gekraustes Zeitungspapier, um Stöße abzufangen, in einen eng sitzenden Karton, der ein Herumrutschen der Schildkröte verhindert. Im Winter legen Sie als Erstes eine 30 °C warme Wärmeflasche auf den Boden des Kartons und umhüllen den Karton mit einer Wolldecke. Nach meiner Erfahrung hält das Ganze in einer Reisetasche gut ein bis zwei Stunden, selbst bei eisigem Wetter.

1 »BRÖTCHEN-TEST« Damit können Sie bei Jungtieren prüfen, ob der Panzer gesund ist. Er darf auf leichten (!) Druck nicht weich nachgeben.

2 HEIMTRANSPORT Schildkröten – halbwüchsig und älter – setzen Sie dazu in einen trockenen Stoffbeutel, dessen Nähte nach außen gewendet sind.

Quarantäne ist wichtig

Zu Hause bei Ihnen zieht die Schildkröte zunächst in ein Quarantäneterrarium ein. Dafür können Sie entweder ein Vollglas-Aquarium verwenden oder eine rechteckige schwarze Kunststoffwanne (»Mörtelwanne« vom Baumarkt). Sie sollte 60 bis 140 Liter fassen – passend zur Größe Ihres Pfleglings. Guten Schwimmern füllen Sie die Wanne halb voll Wasser, schlechte Schwimmer erhalten einen Wasserstand von doppelter Panzerbreite. Bei der Einrichtung und Technik orientieren Sie sich bitte an den Angaben, die ich für das Aquarium und Aquaterrarium mache (→ Seite 30 bis 37), UV-Licht ist aber nicht nötig. Das Wasser beheizen Sie bei Bedarf mit einem bruchsicher geschützten Aquarienheizstab (Zoofachhandel).

Besonders für Jungtiere von schlechten Schwimmern wie der Gewöhnlichen Moschusschildkröte (→ Porträt Seite 16) stellen Sie das Quarantänebecken schräg, um ein flaches Ufer zu gewinnen (→ Abbildung rechts). Legen Sie einen verrottungsfesten Balkonteppich auf den Boden des Quarantäneterrariums. Dadurch sorgen Sie dafür, dass Ihre Wasserschildkröten trotz der Schräge guten Halt finden.

Warum Quarantäne? Sie sehen der Schildkröte auf den ersten Blick nicht an, ob diese zum Beispiel von Würmern befallen ist oder an einer Infektion leidet. Das kann Ihnen auch der Züchter nicht garantieren. Wenn das Tier nach drei Wochen immer noch putzmunter und eine Kotprobe negativ ausgefallen ist, dann darf es in sein endgültiges Heim.

Ist die Schildkröte scheu und versteckt sich, darf sie in ihrem Versteck so lange verweilen, bis sie freiwillig wieder hervorkommt. Sie können den Prozess beschleunigen, indem Sie ihr täglich frisches Futter anbieten. Wird es nicht gleich gefressen, fischen Sie es bitte wieder heraus, ehe es das Wasser verunreinigt. Wenn Sie das Wasser täglich gegen sauberes Wasser derselben Temperatur wechseln, brauchen Sie keinen Wasserfilter, Sie können aber einen verwenden (→ Seite 33).

Kotproben nehmen Bereits in den ersten Tagen nach der Ankunft der Schildkröte sollten Sie Kotproben nehmen. Ihr Tierarzt verfügt über spezielle Behälter und wird Ihnen genaue Anweisungen dazu geben, wie Sie vorgehen.

Manchmal ist der Kot von Wasserschildkröten so weich, dass er sich sofort im Wasser auflöst und Sie deshalb keine Probe nehmen können. Setzen Sie Ihre Schildkröte im Quarantäneterrarium dann ohne Wasser auf Zeitungspapier. Das regt das Tier in der Regel so auf, dass es dort seinen Kot nach kurzer Zeit absetzt.

Sobald Ihnen der Tierarzt bescheinigt hat, dass Ihre Schildkröte frei von Würmern ist, darf sie in ihr neues Heim umziehen.

Persönliche Hygiene einhalten

In der Vergangenheit wurden äußerst selten Fälle erwähnt, in denen Wasserschildkröten Krankheitskeime wie Amöben oder Salmonellen auf den Menschen übertragen haben sollen.

Deshalb empfehle ich grundsätzlich, dass Sie sich nach jeder Arbeit an der Anlage die Hände mit Wasser und Seife waschen. Ebenso, wenn Sie Ihre Schildkröte angefasst haben. Das Ansaugen von »Schildkrötenwasser« über einen Schlauch mit dem Mund sollten Sie ebenfalls vermeiden.

Schlechte Schwimmer brauchen auch im Quarantänebecken ein flach auslaufendes Ufer. Ein »künstlicher Rasen« gibt Halt und ist leicht zu säubern.

Gefährlich – **Eingriffe in die Natur**

ENTNAHME AUS DER NATUR Für viele Menschen bedeutet Artenschutz, dass man geschützte Tiere nicht einfach fangen darf. Aus diesem Grund ist die Entnahme einer einheimischen Schildkrötenart aus der Natur in der EU durch Verordnungen und Gesetze verboten.

AUSSETZEN IN DIE NATUR Nach der EU-Verordnung Nr. 1143/2014 dürfen »invasive gebietsfremde Arten« nicht in die EU gebracht, nicht gehalten, nicht gezüchtet, nicht in Verkehr gebracht und nicht in die Umwelt ausgesetzt werden. Dazu gehören *Chrysemys picta* und *Trachemys scripta elegans*. Letztere – die Rotwangen-Schmuckschildkröte – richtet bereits weltweit gravierende ökologische Schäden an.

Wasserschildkröten eingewöhnen

Sie erleichtern Ihrer Schildkröte die Eingewöhnung im neuen Heim, wenn Sie ihr genug Deckungsmöglichkeiten anbieten. Also Höhlen an Land (für *Cuora flavomarginata*) oder Treibgut aus Rindenstücken und/oder Schilfhalm-Bruchstücken im Wasser, je nachdem, wo sich Ihr Tier bevorzugt aufhält.

Nicht immer werden Sie für Ihre Schildkröte genaue Hinweise bekommen, unter welchen Temperaturbedingungen sie bevorzugt gepflegt werden möchte. Das finden Sie auf folgende Weise heraus.

Die Haltungsbedingungen bestimmen Manche Arten haben ein so großes Verbreitungsgebiet, dass Sie bei unklarer Abstammung Ihres speziellen Tieres leicht die falschen Haltungsbedingungen wählen können. So kann es durchaus sein, dass Ihre Schildkröte von ihren Vorfahren, die in kälteren Regionen lebten, genetisch auf Winterruhe »programmiert« ist und dieses Programm noch immer in sich trägt. Ihre Schildkrötenart lebt aber auch in warmen Regionen der Erde, in denen keine Winterruhe nötig ist. Das könnte zum Beispiel bei der Gelbrand-Scharnierschildkröte der Fall sein. Erfahrene Halter erkennen auch an scheinbar »wachen« Schildkröten Tendenzen zur Winter- oder Sommerruhe: Der Appetit lässt nach, das Tier »verkriecht« sich oder wirkt teilnahmslos. Dann ist es wichtig zu reagieren. Lassen Sie sich beraten.

Die Vorzugstemperatur testen

Die Wissenschaft hat Sie mit diesem Problem nicht allein gelassen. Sie erfand die »Temperaturorgel«. Sie funktioniert, indem Sie im Wasser oder an Land eine »Serie« von Temperaturstufen anbieten (wie Orgelpfeifen nebeneinander, daher der Name) und über mindestens zwei bis drei Tage beobachten, welche der Temperaturzonen Ihre Schildkröte zu welchen Zeiten für wie lange favorisiert. Danach kennen Sie ihren bevorzugten Temperaturbereich. Der Test funktioniert gut im Frühjahr zur Hauptaktivitätszeit und um das Sommer- bzw. Winterruhe-Bedürfnis zu erforschen. Und so gehen Sie vor:

› Eine Temperaturabstufung im Wasser gestaltet sich relativ schwierig. Sie lösen das Problem, indem Sie eine rundum dicht schließende Styroporwand (etwa drei bis fünf Zentimeter dick) in den Wasserkörper des Aquariums bzw. Aquaterrariums einsetzen. Dabei muss das Wasser bis an die Oberkante der Styroporwand reichen, damit auch kleine Tiere leicht die beiden Abteile wechseln können.

Die Schildkröte muss – wie in der Natur – ihre Vorzugstemperatur jederzeit frei aufsuchen können.

› Zum Austesten wählen Sie Temperaturschritte von Zwei-Grad-Abständen, beginnend bei der niedrigsten für Ihre Art empfohlenen Temperatur. Das heißt, Sie erhöhen die Wassertemperatur in einem der beiden Abteile mit einem Aquarienheizer um 2 °C und beobachten Ihre Schildkröte.

› Sitzt sie ganztags im wärmeren der beiden Wasserkörper, so erhöhen Sie die Temperatur jetzt im anderen Abteil um weitere 2 °C. Bevorzugt sie dagegen die kühlere Hälfte – so auch vor der Winterruhe – senken Sie die Temperatur im Nachbarabteil um weitere 2 °C.

› So fahren Sie fort. Die Schildkröte wird irgendwann die nächste angebotene Wärme- bzw. Kältestufe nicht mehr oder nur noch kurzfristig annehmen. Damit kennen Sie dann die bevorzugten Temperaturgrenzen Ihres Tieres.

Tipp Sie können auch gleich drei oder vier Abteile durch Styroporplatten herstellen und die Wasserräume unterschiedlich beheizen. Dadurch kommen Sie schneller zum Ziel.

Ergebnis der Messreihen Ein Test dieser Art, alle drei Monate durchgeführt, gibt Ihnen Auskunft über die individuelle »Schwankungsbreite« der Vorzugstemperatur Ihrer Schildkröte. Auch finden Sie so heraus, ob Ihr Tier im Herbst kühleres Wasser möchte, weil es eine Winterruhe wünscht.

Übrigens gehen Sie zur Ermittlung der Vorzugs-Lufttemperatur ähnlich vor, nur dass Sie am äußersten Terrarienende den Spotstrahler platzieren, wo es nun am wärmsten wird. Dadurch entsteht bis zum unbeheizten Terrarienende ein Temperaturgefälle.

Hinweis Ich möchte betonen, dass dieses Verfahren nicht als Standard zur Eingewöhnung dienen soll, sondern nur als Hilfswerkzeug, um wichtige Haltungsfragen gleich anfangs zu klären, falls Sie beim Schildkrötenkauf keine Auskunft erhalten.

Wissenswertes **zum Artenschutz**

TIPPS VOM SCHILDKRÖTEN-EXPERTEN
Dr. Hartmut Wilke

Halten Sie eine geschützte Art (→ Porträts Seite 14 bis 21), dann sieht das Artenschutzgesetz die unten genannten Auflagen vor. Geschützte Arten stehen im Washingtoner Artenschutzabkommen (WA) und sind nach EU-Recht in einem der Anhänge gelistet. Das Bundesamt für Naturschutz (BfN) in Deutschland informiert in seiner Datenbank WISIA unter der Rubrik »CITES« über den aktuellen Schutzstatus Ihres Tieres.

SACHKUNDENACHWEIS Die Naturschutzbehörde kann prüfen, ob Sie ausreichende Kenntnisse über Haltung und Pflege einer Schildkröte haben (bei Nichtbestehen kann wiederholt werden). Auch kann Ihre persönliche Zuverlässigkeit eine Rolle spielen. Außerdem müssen Sie eine artgerechte Haltung gewährleisten können.

MELDEPFLICHT Geschützte Arten unterliegen einer Meldepflicht bei der Unteren Naturschutzbehörde, die für Ihren Wohnort zuständig ist. Melden Sie Ihr Tier nicht an oder können Sie keine Nachweise zur Legalität Ihres Tieres erbringen, kann die Behörde bei bestehenden Zweifeln das Tier beschlagnahmen.

ARTGERECHT UNTERBRINGEN

Wasserschildkröten nutzen verschiedene Lebensräume. Was Sie bei der artgerechten Unterbringung der kleinen Urzeitreptilien beachten müssen, beschreibe ich auf den folgenden Seiten.

Wie Wasserschildkröten bei uns leben möchten

Wie Sie in den Porträts von Seite 14 bis 21 lesen konnten, stellen die einzelnen Schildkrötenarten unterschiedliche Ansprüche an ihren Lebensraum und infolgedessen auch an ihre Unterbringung.
Manche Arten der Wasserschildkröten leben bevorzugt im freien Wasser, wo sie schwimmen können. Sie möchten bei Ihnen in einem Aquarium mit hohem Wasserstand untergebracht werden. Andere Arten leben zwar im Wasser, schwimmen aber nicht so gut und halten sich deshalb eher im Uferbereich auf. Diesen Arten bieten Sie ein Aquarium mit niedrigem Wasserstand an. Die letzte Gruppe lebt zum Teil im Wasser, zum Teil an Land. Diese Tiere brauchen ein Aquaterrarium mit großem Landteil.
Um herauszufinden, wo Ihre Schildkröte leben möchte, rate ich Ihnen, sie gerade zu Beginn besonders gut zu beobachten. Dabei werden Sie dann auch Eigenschaften Ihres Tieres erkennen können, die Sie bei der Einrichtung bedenken müssen. Ist Ihre Schildkröte zum Beispiel eher scheu, dann sollten Sie ihr noch zusätzliche Versteckplätze anbieten. Hat sie Probleme, die Wasseroberfläche zu erreichen, dann sind weitere Unterwasser-Klettermöglichkeiten nötig. Oder will sie sich bequem sonnen und doch schnell wieder ins Wasser flüchten können? Dann rate ich als Sonnenplatz zu einer eingehängten Insel oder einem fixierten Wurzelstück mitten im Wasser (→ Seite 31). Beim Studium Ihrer Schildkröte werden Sie dann auch erkennen, ob sie einen Sonnenplatz unbedingt über tiefem Wasser braucht oder ob sie eine trockene Uferzone und flaches Wasser zum Sonnen vorzieht.
Mit anderen Worten: Sie lernen durch genaues Beobachten schnell, wie Ihre Schildkröte bei Ihnen leben möchte. Zudem ist die Beobachtung des Tieres spannend und sehr unterhaltsam.

Einrichtung zum Wohlfühlen

Das richtige Becken

Größe Je länger es ist, desto leichter können Sie es einrichten, wenn Sie etwa fließende Übergänge mit Astwerk gestalten wollen. Selbst ein Schildkrötenbaby braucht schon viel Platz. Alle Größenangaben in den Porträts beziehen sich in der Regel auf Einzelhaltung. Sie können aber auch ein zweites Weibchen (Verträglichkeit prüfen; beobachten) oder vorübergehend ein Pärchen zur Paarungszeit darin unterbringen.

Tipp Kaufen Sie das Vollglas-Becken ohne handelsübliche Abdeckung und Beleuchtung. Sie werden nicht gebraucht.

Standort Am besten ist ein heller Standort abseits von direkter Besonnung, zugigen Fenstern und Türen. Immer sollte Tageslicht einwirken können. Ideal ist die Aufstellung unter einem Glasdach. Die Änderung der Tageslängen im Jahreslauf hat einen ganz entscheidenden Einfluss auf die Biologie Ihres Tieres. Sie steuert den Hormonhaushalt der Schildkröte und damit die Winterruhe und die Fortpflanzung. Vibrationen von elektrischen Maschinen (Kühlschrank, Lautsprecherboxen) stören das Tier, ebenso starke Gerüche wie Tabakqualm.

Die passende Einrichtung

Bodengrund Auf den Boden des Beckens füllen Sie etwa zwei Zentimeter gewaschenen Flusssand.

Verstecke Gerade Jungtiere haben ein extremes Sicherheitsbedürfnis. Das befriedigen Sie am besten, indem Sie Kienholzwurzeln oder Korkrindenröhren (→ Abbildung Seite 36) im Wasser platzieren, in deren Winkeln und Höhlungen sich Ihr Tier zurückziehen kann. Guten Schwimmern bieten Sie auf dem Wasser treibende Wasserpflanzen oder Schilf- und Korkrindenstücke als Deckung an.

Der passende Futterplatz Je nach Art (→ Porträts Seite 14 bis 21) füttern Sie im Wasser oder an Land. Für die Wasserbewohner benötigen Sie keine spezielle Vorrichtung, die Tiere, die an Land fressen, füttern Sie auf der Rampe oder aus einer Schale.

Eine »Sonnenbank« muss sein Die meisten Wasserschildkröten (→ Porträts Seite 14 bis 21) sonnen sich im Wasser treibend oder über dem Wasser auf Treibholz und Schilfinseln. Andere Arten, wie *Emys* oder *Cuora*, sonnen sich an Land. Hierzu richten Sie einen entsprechenden Landteil (→ Seite 36) ein, der vom Wasser aus bequem zu ersteigen ist.

Jungtiere haben besondere Ansprüche

Alle Jungtiere wachsen zunächst ausschließlich im Wasser heran. Gehören sie zu einer schlecht schwimmenden Art, dann senken Sie den Wasserstand so, dass Ihr Tier auf dem Boden stehend bequem Luft holen kann.

Glasbruch vorbeugen

POLSTERUNG Aquarien bzw. Aquaterrarien stellen Sie stets ganzflächig auf eine drei bis fünf Millimeter dicke Styroporplatte (Baumarkt) oder auf eine – optisch ansprechendere – Schaumstoffmatte (Zoofachhandel). Achten Sie darauf, dass keine Fremdkörper zwischen Matte und Glas geraten. Dadurch verhindern Sie, dass das Becken wegen ungleicher Druckbelastung reißt.

KLETTERHILFEN Schlechte Schwimmer freuen sich über Kletterhilfen unter Wasser, auf denen sie – den Panzer über Wasser – gerne sonnenbaden. Vier bis fünf Zentimeter dicke Sisaltaue lassen sich in engen Aquarien besser dekorieren, weil sie weniger Platz beanspruchen als Wurzeln. Sie sehen natürlich aus und sind relativ verrottungsfest. Grundsätzlich gilt: Je größer Ihr Aquarium ist, umso einfacher und schöner können Sie den Lebensraum Ihrer Schildkröte gestalten.

DECKUNG UNTER EINER KORKRINDE Wenn sich Ihre Schildkröte sicher vor Entdeckung und plötzlichen Angriffen fühlen kann, trägt das entscheidend zu ihrem Wohlbefinden bei. Bieten Sie deshalb im Terrarium stets genug Deckung an. Auch dieser Florida-Rotbauch-Schmuckschildkröte sehen Sie an der Körperhaltung an, dass sie entspannt ist. Das Schutzbedürfnis der Jungtiere ist erheblich größer als das von Alttieren.

SONNENPLATZ Ideal dafür sind Wurzeln oder Steine in der Mitte des »Gewässers«. Bei drohender Gefahr kann sich die Mississippi-Höckerschildkröte einfach ins Wasser gleiten lassen.

Die Technik in der Anlage

Eine funktionierende Anlage mit allen wesentlichen Elementen ist das A und O für die Gesundheit und das Wohlbefinden Ihrer Wasserschildkröte.

Die passende Temperatur

Als wechselwarme Tiere können Schildkröten ihre Körpertemperatur nicht selbst erzeugen, sondern erhalten sie aus der Umgebung. Deshalb gilt grundsätzlich, dass die Schildkröte in ihrem Lebensraum ein gewisses Temperaturspektrum vorfinden will. Das gilt auch für das Aquarium bzw. Aquaterrarium.

1 Glas-Aquarienheizstäbe werden gegen Bruch entweder durch die Dekoration oder durch einen Schutzkorb (Zoofachhandel) gesichert.

2 Empfehlenswert ist ein möglichst großer Heizfilter mit einem Filtertopfvolumen von 12 bis 18 Litern, dessen Pumpe sich bei Bedarf drosseln lässt.

Wassertemperatur Diese wird durch einen Filter mit eingebauter Heizung geregelt. Zusätzlich oder ersatzweise heizen Sie mit einem regelbaren Aquarienglasheizer (gegen Glasbruch sichern!). Ob Ihr Tier eine Nachtabsenkung bevorzugt, testen Sie am besten mithilfe der Temperaturorgel (→ ab Seite 26) und senken bei Bedarf die Temperatur um 2 °C.

Lufttemperatur Stellen Sie tagsüber stets ein Temperaturgefälle her, indem Sie in einer Ecke der Anlage den Spotstrahler (40 °C) auf den Boden oder einen Ast richten. So entstehen zwischen dieser Ecke und dem übrigen Raum verschiedene Temperaturbereiche. Achten Sie aber darauf, dass die Luft nie kälter als das Wasser wird. Das kann bei Zugluft leicht geschehen. Nachts wird der Strahler über eine Zeitschaltuhr abgeschaltet.

Thermometer Ein geeichtes klassisches Laborthermometer (0 bis 60 °C) oder ein digitales Thermometer gestatten Ihnen die ständige (!) Überwachung der Wasser- und Lufttemperatur.

Lebenswichtiges Licht

Leuchtstoff-Tageslichtröhre Sie ist erforderlich bei Mangel an natürlichem Tageslicht, etwa wenn das Becken in einem dunklen Raum steht. Sie liefert die »Grundbeleuchtung« – auch für die Pflanzen – über eine Zeitschaltuhr. Die Beleuchtungsdauer richtet sich nach der aktuellen Tageslänge.

Spotstrahler Er ist immer erforderlich. Mit 100 Watt, 230 V und 10° Streuwinkel erzeugt er in einem Meter Abstand einen Lichtfleck von 17 Zentimeter Durchmesser, aber 10 000 Lux Leuchtstärke. Hängen Sie ihn tiefer, so mögen auch 60 Watt genügen – probieren Sie es aus. Für Schlammschildkröten der Gattungen *Sternotherus* und *Kinosternon* reicht er in der Regel als Lichtquelle aus.

UV-Strahler Er ist bei reiner Zimmerhaltung immer erforderlich, denn er liefert den für das Knochenwachstum (Panzer!) wichtigen UV-Anteil des Sonnenlichts. Auch dämmerungsaktive Schildkröten legen sich noch in die Morgen- oder Abendsonne. Als UV-Strahler kommen zum Beispiel »Ultra-Vitalux«, 300 Watt, von Osram oder baugleiche Strahler anderer Hersteller in Betracht.

Halogen-Metalldampflampen Sie bedienen vor allem die Lichtansprüche von Zierschildkröten sowie von Tieren der Gattungen *Emydura* und *Emys*. Es gibt Quarz- und Keramikbrenner und Quecksilberdampf-Hochdrucklampen. Quarzbrenner (150 Watt) erzeugen 13 000 Lumen, was unserem Tageslicht sehr nahe kommt. Quecksilberdampf-Hochdrucklampen (125 Watt) erbringen 6200 Lumen. Passen Sie die Beleuchtungsstärke der Jahreszeit an, indem Sie die Lampe im Sommer etwa 80 Zentimeter tief, im Frühjahr und Herbst aber bis 1,50 Meter hoch hängen. Sie sollte nur ein Drittel des Beckens – den Sonnenplatz – voll bescheinen.

Zeitschaltuhr Damit steuern Sie alle notwendigen Lampen und Geräte.

Wasserqualität

Filter Wählen Sie einen möglichst großen Heizfilter. So erzielen Sie bereits bei kleinen zu filternden Wassermengen ein brauchbares Gesamtvolumen. Als Filtermaterial empfehle ich aus meiner persönlichen Praxis eine Kombination aus vier Zentimetern feinerem Vlies als Grobschmutzfänger (»Sieb«) und grobporiger Filtermatte aus demselben Material (Fachhandel) im restlichen Filter; Letzteres dient als Träger der Mikroorganismen, die den Abbau gelöster (Nähr-)Stoffe übernehmen.

Pumpe Sie leistet etwa 600 Liter pro Stunde. Solange die Schildkröte noch klein ist, können Sie die Pumpe (nach Herstelleranweisung) entsprechend drosseln, damit sie das geringe Wasservolumen nicht wild verwirbelt oder gar die Schildkröte ansaugt. Deshalb rate ich, den Abfluss im Inneren des Aquariums zusätzlich mit einem handelsüblichen Schutzkorb zu versehen. Empfehlenswert ist es, sich vom Glaser in den Beckenboden als Ablauf ein passendes Loch schneiden zu lassen. Dort montieren Sie einen handelsüblichen Abfluss mit Kugelventil. So optimieren Sie den Abfluss zum Filter, und bei jeder Reinigung werden Sie dankbar für diese praktische Form der Entleerung sein.

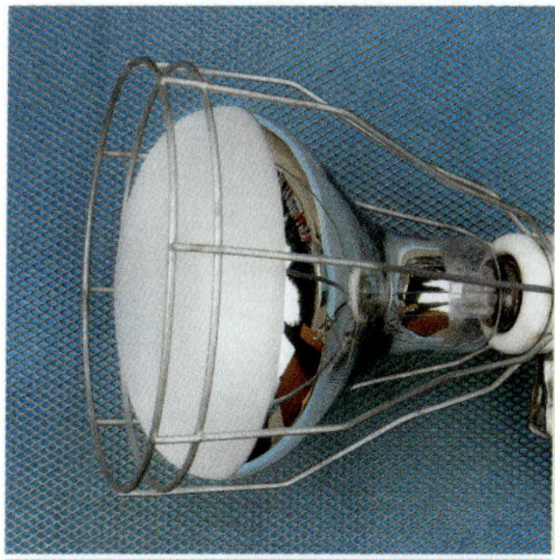

3 UV-Strahler werden zusammen mit dem Spotstrahler eingesetzt. 20 bis 30 Minuten pro Tag aus 80 Zentimeter Entfernung sind in der Regel ausreichend.

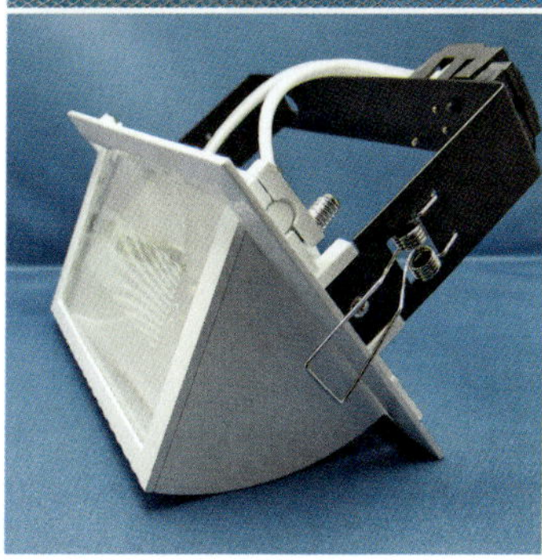

4 Im Verhältnis zum relativ geringen Stromverbrauch liefert der HQI-Strahler besonders viel Helligkeit für das Wohlbefinden Ihrer Schildkröte.

Die richtige Unterbringung

Wasserschildkröten unterscheiden sich in ihrer Lebensweise. Das hat Auswirkungen auf ihre Unterbringung. Es gibt drei Möglichkeiten:

› **Aquaterrarium für landlebende Arten** mit kleinem Wasser- und größerem Landteil.

› **Aquarium für wasserlebende Arten,** die nicht gut schwimmen, mit einem Wasserstand von doppelter Panzerbreite und eingehängtem Landteil.

› **Aquarium für wasserlebende Arten,** die gut schwimmen, mit hohem Wasserstand (etwa 40 bis 50 Zentimeter) und eingehängtem Landteil.

Aquaterrarium

Es eignet sich zum Beispiel für die Gelbrand-Scharnierschildkröte und die Chinesische Streifenschildkröte. Sie brauchen als ausgewachsene Tiere einen großen Landteil (→ Porträts Seite 17 und 21). Dazu teilen Sie das Becken mit Hilfe einer an die Beckenbreite angepasste bruchfeste Makrolonscheibe, die Sie mit Aquariensilikon einkleben, in zwei Hälften. Auf einer Seite der Trennwand ist der Wasserteil, auf der anderen richten Sie den Landteil ein. Die Höhe des Wasserstands können Sie aus den Por-

Gut eingerichtetes Aquaterrarium für landlebende Wasserschildkröten: Durch das (Luft-)Temperaturgefälle kann das Tier seine Vorzugstemperatur wählen.

träts ersehen. Den Landteil gestalten Sie so, dass die Bodenoberfläche etwa um drei Zentimeter höher als der Wasserstand liegt. Die Trennwand sollte mindestens fünf Zentimeter über den Wasserspiegel herausragen. Sie können sie auch gut sieben Zentimeter über Land emporragen lassen. Das hat den Vorteil, dass das Wasser vor Verschmutzung geschützt ist, wenn die Schildkröte an Land gräbt. Immer aber braucht die Schildkröte einen bequemen Zugang vom Wasser zum Land. Das erreichen Sie, indem Sie einen Durchgang – breiter als der Panzer – in die Trennwand schneiden (lassen). Aus dem Wasser ragt eine Rampe, über die Ihre Schildkröte den Landteil erklimmen kann. (Wie Sie den Landteil gestalten können, erfahren Sie auf Seite 36.)

Aquarium für schlechte Schwimmer

Dabei handelt es sich um ein Aquarium mit abgesenktem Wasserstand. Ihre Schildkröte läuft eher unter Wasser, als dass sie schwimmt. Deshalb soll sie jederzeit – ohne schwimmen zu müssen – zum Atmen die Wasseroberfläche erreichen können. Sie erleichtern ihr das durch reichliches Anbringen von Astwerk oder einem in Schlingen gelegten Sisaltau, wodurch sie bequem Halt findet und klettern kann. Drei bis fünf Zentimeter Durchmesser sollten die Kletterhilfen mindestens haben.

Der Wasserstand ist dem Bedürfnis des Bewohners angepasst und für jede Art im Porträt angegeben. Immer muss das Wasser in der Anlage höher stehen als die Schildkröte breit ist. Nur dann kann sie sich wieder umdrehen, wenn sie einmal in Rückenlage geraten sollte. Gelänge ihr das nämlich nicht, würde sie ertrinken.

Für Schlammschildkrötenbabys ist eine flache Uferzone ideal. Sie entsteht, indem Sie das Aquarium leicht kippen und den Boden, zum Beispiel mit einer Sisalmatte, rutschsicher machen. Stellen Sie es (mit Unterlage, → Tipp Seite 30) auf ein Brett. Unter die Seite gegenüber der Ansaugseite des Filters legen Sie ein bis zwei Holzlatten. Dadurch sammelt sich an der tiefsten Stelle das Wasser

Mit etwas Fantasie können Sie den Zugang zum Ufer des Landteils naturnah und bequem zugleich gestalten.

(→ Abbildung Seite 25); fünf bis sieben Zentimeter Wasserstand sollten so entstehen.

Bepflanzung des Wasserteils Reine Fleischfresser lassen robuste Aquarienpflanzen wie Wasserpest, Hornblatt oder Fadenalgen in Ruhe, solange sie sich nicht langweilen. Zu Deckungs- und Dekozwecken können Sie auch Kunststoffpflanzen einsetzen. Um giftige Pflanzen zu vermeiden, erkundigen Sie sich am besten beim Händler.

Gestaltung des Landteils Der Landteil besteht aus einem handelsüblichen Kunststoffgefäß oder Sie kleben dafür fünf drei Millimeter dicke Makrolonscheiben zusammen. Die Größe des Landteils können Sie aus den Porträts (→ Seite 14 bis 21) ersehen. Sie hängen ihn – ähnlich wie Sie einen Balkonkasten an das Geländer hängen – mit zwei u-förmigen Edelstahlbügeln (vom Schlosser) und mit zwei bis drei Millimeter Zwischenraum zur Glasscheibe direkt zwischen die Front- und Rückscheibe. Zum Schutz des Glasrandes legen Sie Schaumstoff unter jeden Bügel. Die lose Anbringung vereinfacht die spätere Wartung. Die Unterseite des Landteils kann vier bis fünf Zentimeter eintauchen oder über der Wasseroberfläche schweben, damit möglichst wenig Schwimmraum verloren geht. Der Bereich unter dem Landteil dient als »Versteck«.

Ein Aquarium für schlechte Schwimmer mit Kletterhilfen unter Wasser: Der Landteil wird lose eingehängt, Korkrinden-Röhren bieten Ausstieg und Unterschlupf zugleich.

Den Landteil erklimmt Ihre Schildkröte zum Sonnenbaden und auch zur Eiablage. Er muss durch hohe Seitenwände so gesichert sein, dass Ihr Tier ihn ausschließlich und sicher nur in Richtung Wasser verlassen kann. Sie füllen ihn mit einem Gemisch aus je zur Hälfte Sand und Laubwalderde, das stets »nebelfeucht« gehalten wird.
Als Zugang vom Wasser aus bringen Sie eine flache Rampe in Form eines breiten Astes an. Die Rampe oder der Landteil wird mit dem Spotstrahler auf 40 °C erwärmt, wenn in den Porträts von Seite 14 bis 21 nichts anderes erwähnt ist. Für kleine »Kletterer« habe ich in den Porträts eine Korkröhre als Ausstiegshilfe empfohlen, die Sie quer vor dem Landteil anbringen. Dazu klemmen Sie die Röhre waagerecht zwischen Rück- und Vorderscheibe ein (→ Abb. links). Damit sie nicht verrutschen kann, befestigen Sie sie mit Draht am Metallbügel des Landteils. Die Röhre ragt etwa zu einem Drittel über die Wasseroberfläche hinaus, dadurch entsteht innen ein Luftraum. Unter Wasser ist die Röhre der Länge nach aufgeschnitten und klafft auf. Dorthin kann sich die Schildkröte zurückziehen und dennoch bequem Luft holen. Äste erleichtern ihr das Erklettern. Schneiden Sie vor der Montage der Korkröhre drei Luftschlitze von einem Zentimeter Breite und fünf Zentimeter Länge hinein, damit jederzeit ausreichend Frischluft zuströmen kann.
Bepflanzung des Landteils Zur Begrünung eignen sich platzsparende Hängepflanzen, die vom Beckenrand herabhängen und Deckung bieten, etwa Ficus pumila, Philodendron oder Farne.

Aquarium für gute Schwimmer

Dafür füllen Sie das Becken mit Wasser nach den Angaben in den Porträts (→ Seite 14 bis 21) und hängen den Landteil so hoch wie möglich hinein.

Zierpflanzen-Dekoration: Ihre Schildkröte kann sie außerhalb des Beckens nicht erreichen und lebt trotzdem in einer natürlichen Umgebung.

Den Wasserraum gestalten Schwimmer brauchen viel freien Schwimmraum. Den über das Wasser ragenden Teil einer Wurzel nutzen sie bei Bedarf gern zum Sonnen. Der Sprung vom Sonnenplatz ins tiefe Wasser muss jederzeit und ohne Verletzungsgefahr möglich sein.
Auf dem Wasser treibende trockene Schilfstücke, Blätter vom Rohrkolben oder Kiefernrinde sammeln sich durch die Strömung an ruhigen Stellen zu schwimmenden Inseln, die Deckung bieten und dem Aquarium einen natürlichen Anstrich geben.
Wichtig Der Wasserspiegel muss so eingestellt werden, dass die Schildkröte den Aquarienrand nicht fassen und herausklettern kann.
Landteil Ihn hängen Sie wie auf Seite 36 beschrieben ein. Dort sonnen sich die Tiere, und die Weibchen legen ihre Eier ab. Wie Sie den Landteil und den Zugang gestalten, erfahren Sie auf Seite 36.

Sonnenparadies für Wasserschildkröten

Für Ihre Wasserschildkröte gibt es nichts Besseres als ein Leben unter natürlichem Sonnenlicht und in Ihrem Teich, einem Lebensraum voller lebender Futtertiere und -pflanzen. Allerdings kommt in Mitteleuropa eine Freilandhaltung nur für die Monate Juni bis August infrage. Mit einem Glashaus können Sie die Zeit um ein bis drei Monate verlängern. Beachten Sie bitte meine Empfehlungen zur Freilandhaltung in den Porträts.

Die Freianlage im Garten

Die ideale Form und Lage Optimal wäre ein Teich mit sechs Meter Durchmesser. Er darf bei Platzmangel auch beliebig kleiner sein, denn das ist immer noch besser als gar kein Teich. Immer sollte er möglichst lange im vollen Sonnenlicht liegen.

Der Gartenteich als Erlebnisraum: Ohne Glashaus kann Ihre Wasserschildkröte in Mitteleuropa dort von Juni bis August leben.

Ich empfehle Ihnen einen runden Folienteich mit einer etwa zwei Meter breiten, flachen Uferzone. In der Mitte des Teichs befindet sich eine etwa einen Meter tiefe Zone mit zwei Meter Durchmesser. Die Uferzone weist ein Gefälle von etwa sieben Grad auf, zur Mitte hin sollte der Winkel möglichst 45 bis 50 Grad betragen. Ein solcher Teich fasst etwa 5600 Liter Wasser, davon fast 4000 Liter im Uferbereich, wo sich das Wasser rasch in der Sonne aufwärmen kann.

Verwenden Sie schwarze Teichfolie, die Sie im Randbereich nicht abdecken. Die schwarze Farbe fördert die Erwärmung durch die Sonne. In der Mitte pflanzen Sie Rohrkolben oder Schilf in eine sandgefüllte Wanne, um diese Gruppe platzieren Sie zur Flachwasserzone hin ausgelaugte Baumstämme als Sonneninseln. Den Flachwasserbereich dekorieren Sie ebenfalls mit solchem Holz. In kurzer Zeit wird Ihr Teich veralgen und auch die Folie wird bewachsen bzw. mit einer dünnen Kalkschicht überzogen sein. Bei reinen Fleischfressern können Sie den Teich noch mit Pflanzen, die Sie in Körbe setzen, dekorieren. Alle anderen Schildkröten fressen die Pflanzen (außer Schilf und Rohrkolben).

Die Technik Wenn Sie in diesem Teich maximal drei Schildkröten halten, ist ein Filter in der Regel überflüssig, da der Wasserkörper die organische Belastung der Tiere verarbeiten kann.

Bei Mehrbelastung entnehmen Sie das Wasser aus der Mitte – dort liegt der meiste »Abfall« – zum Gießen des Gartens und füllen frisches Wasser auf (»Teilwasserwechsel«). Wenn Sie einen Teichfilter einsetzen, nehmen Sie eine Pumpe, die 250 bis höchstens 500 Liter pro Stunde befördert. Saugen

Freianlage mit Gewächshaus bei abgesenktem Wasserstand: Das Glashaus enthält eine Überwinterungswanne und ein Aufzuchtbecken für Jungtiere; die Schilfinsel bietet kühlenden Schatten. Der Rest ist auf bestmögliche Ausnutzung der Sonnenenergie und Erwärmung des Wassers ausgelegt.

Sie das Wasser an der tiefsten Stelle in der Mitte ab und lassen es in die Schilfgruppe zurücklaufen.

Umrandung Das Ganze muss ausbruchsicher mit einem mindestens 40 Zentimeter hohen Zaun aus Palisaden, (Well-)Eternit oder Schaltafelholz umgeben werden. Der Baustoffhandel berät Sie auch über eventuell notwendige Fundamente, wenn Sie eine Mauer aus Betonformsteinen erstellen wollen. Damit die Abgrenzung optisch erträglich bleibt, können Sie das Niveau des Teiches tiefer legen oder an die Umfriedung von außen Erde anhäufen. Haben Sie Kinder, dann sichern Sie den Teich gegen Ertrinken zusätzlich durch einen Zaun.

Tipp Wenn Sie als Rücklauf vom Filter 25 bis 30 Meter schwarzen Kunststoffschlauch verwenden, den Sie an einer ganztags besonnten Stelle in einer Spirale am besten auf schwarzem Wellblech auslegen, haben Sie eine Teich-Solarheizung geschaffen. Durch diese Vorrichtung fließt das Wasser, auch an bedeckten Tagen, angewärmt in den Teich zurück.

Glashaus als Wärmeinsel

Frühjahr und Herbst können in Mitteleuropa zeitweise so kühl sein, dass Ihre Wasserschildkröte im Teich ihre bevorzugte Körpertemperatur nicht erreicht. Abhilfe schaffen Sie mit einem Glashaus in Form eines Frühbeetes oder – für Sie komfortabler und für die Schildkröte geräumiger – mit einem Kleingewächshaus. Dadurch können Sie mit einem Glashaus für alle freilandtauglichen Schildkröten den Gartenaufenthalt übers Jahr bei günstiger Witterung auf Mai bis September ausdehnen.

› **Vorteil »Wärmefallen-Prinzip«** Im Sommer erwärmt sich ein geschlossenes Glashaus auch bei bedecktem Himmel. Die diffuse Strahlung (Streustrahlung) der Sonne reicht dazu oft aus. Die Wärmestrahlen dringen durch die Scheiben, können aber nicht mehr entweichen und erhöhen so im Inneren die Raumtemperatur. Falls die Lufttemperatur am Boden im Glashaus 30 °C nicht erreicht, helfen Sie mit einem Spotstrahler nach, der nur den Sonnenplatz auf 40 °C erwärmt. Eine regelbare automatische Lüftungsklappe im Dach schützt mittels handelsüblicher Thermoelemente vor Überhitzung, falls Sie noch Pflanzen oder Jungtiere im Glashaus pflegen. Das heißt, ab einer bestimmten Temperatur öffnet sich die Klappe.

› **Vorteil »Spaßbad-Prinzip«** Das heißt rein- und rausschwimmen können, wie es Ihrer Schildkröte beliebt! Das erleichtert ihr die Regulation der Körpertemperatur. So kann sie sich im Inneren des Glashauses aufwärmen, um anschließend im kühlen Gartenteich auf Futtersuche zu gehen. Zum Verdauen kommt sie dann wieder ins Warme zurück.

Die Balkonanlage entspricht einem Aquaterrarium mit großem Landteil, auch im Pflegeaufwand. Zusätzlich bietet sie Ihrer Schildkröte alle Vorteile eines Freiluftaufenthaltes.

Ein Glashaus im Garten bauen

Mit etwas architektonischer Fantasie – und mit dem Rat eines Architekten oder eines geschickten Maurers – lässt sich dieser »Schildkröten-Traum« leicht verwirklichen. Sie brauchen dazu ein handelsübliches Frühbeet oder Kleingewächshaus, das Sie auf ein Ringfundament aus Beton (Fertigmischung im Baustoffhandel) stellen.

Wichtig Das Fundament müssen Sie bereits im Teich anbringen, bevor Sie die Folie auflegen, denn

diese wird darüber gezogen; ein Vlies zwischen Folie und Beton schützt vor Beschädigung.
Das Fundament hat als Zugang für die Schildkröte eine 30 bis 50 Zentimeter breite Öffnung im Flachwasser, die vier bis fünf Zentimeter unter Wasser liegt. (In der Abbildung auf Seite 39 ist der Wasserstand zum besseren Verständnis leicht abgesenkt.)
Platzieren Sie das Glashaus auf dem Fundament. Seine Unterkante taucht ein bis drei Zentimeter unter Wasser. Dadurch kann hier kein unerwünschter Wärmeverlust entstehen. Sie können das Fundament für die Längsseite des Glashauses, die im Wasser steht, auch weglassen, wodurch Sie den Einlass veränderlich gestalten können. Schließen Sie dann den Spalt unter Wasser mit lose gestellten Ziegelsteinen bis auf den Durchschlupf. Wenn Sie in die Fugen der Ziegelsteine Sand rieseln lassen, dann kann auch das warme Wasser nicht abfließen, das sich jetzt im Inneren weiter aufwärmt.
Ihre Schildkröte lernt schnell, wo der Ein- und Ausgang ist. Sie können Ihr auch anfangs mit einer »Leitstruktur« in Form einer Unterwasser-Steinreihe oder eines Astes, an der sie entlangschwimmt, den Weg zum Eingang weisen. Meistens genügt es, Futter im Glashausteich auszustreuen, um Ihrer Schildkröte per Duft die Orientierung zu erleichtern.

Miniteich auf Terrasse oder Balkon

Sie haben keinen Garten, aber eine sonnige Terrasse oder einen besonnten Balkon? Auch dort können Sie ein geeignetes Gewässer für Ihre Schildkröte einrichten (→ Experten-Tipp rechts).
Die Anlage enthält dieselben, auf die Biologie der Schildkröte abgestimmten Elemente wie die Anlage im Raum, allerdings keine Beleuchtungseinrichtung. Auch hier gilt, dass Sie mit einem höheren Rand die Kiste ausbruchsicher machen.

Freianlage auf dem Balkon

TIPPS VOM SCHILDKRÖTEN-EXPERTEN
Dr. Hartmut Wilke

1. Den Korpus der Anlage fertigen Sie aus tief imprägnierten Zaunlatten (Baumarkt). Die hintere Längsseite ist höher als die vordere, dadurch haben die Seitenteile ein Gefälle nach vorne.

2. Kleiden Sie die Anlage mit Teichfolie aus. Stoßen Sie in zehn Zentimeter Abstand Löcher in den Folienboden, damit Sickerwasser ablaufen kann.

3. Stellen Sie als Teich eine Mörtelwanne hinein, in deren Boden Sie den Filterrücklauf mit Ventil anbringen. Passen Sie Wasserstand und Dekoration den Angaben im Porträtteil an. Dann füllen Sie die Kiste wie folgt von unten nach oben auf: 20 Zentimeter Blähton (Gartenfachhandel), ein Wurzelvlies, Laubwalderde so hoch, dass die Schildkröte den Rand nicht erreicht.

4. Bepflanzen und dekorieren Sie den Wasserteil wie auf Seite 36 und 37 beschrieben.

5. Als Abdeckung eignen sich zwei Plexiglasscheiben. Gegen Hitzestau können Sie eine der Scheiben abheben oder über ein handelsübliches Thermoelement heben und senken lassen. Die andere schattieren Sie mit einer Schilfmatte.

FIT UND GESUND

Artgerechtes Futter, ein sauberer Lebensraum, der den Bedürfnissen der kleinen Reptilien entspricht, und ungestörte Ruhe sind die Grundpfeiler für ein langes, gesundes Leben Ihrer Wasserschildkröten.

Wasserschildkröten gesund ernähren

Die meisten Wasserschildkröten machen den Eindruck, immer hungrig zu sein, und betteln, sobald Sie in der Nähe auftauchen. Das birgt die Gefahr, dass Sie voller Mitleid eine Schildkröte schnell überfüttern oder einseitig ernähren. Gerade Jungtiere reagieren darauf mit gestörtem, zu schnellem Wachstum und deformierten Panzern. Zudem droht natürlich Übergewicht.

Die richtige Diät

Das Wort »Diät« habe ich bewusst gewählt. Denn damit vermeiden Sie eine Überfütterung. Der erste Schritt wird bei Ihnen »im Kopf« getan. Beachten Sie das Bettelverhalten Ihrer Schildkröte einfach nicht. Kommt sie bei Ihrem Erscheinen sofort angeschwommen und will Futter haben, so hat das in der Regel nichts mit dem aktuellen Eiweißbedarf zu tun, es zeigt aber, wie lernfähig sie ist.

Unter Diät verstehe ich, dass Sie alle erforderlichen Nährstoffe in angemessener Menge verabreichen. In der Natur liefert die große Vielfalt an Futtertieren im Wasser die nötigen Nährstoffe. Auf der Speisekarte stehen Krebstiere (Wasserflöhe), Insekten und ihre Larven (Mückenlarven, Wasserkäfer), Weichtiere (Schnecken und Muscheln), Aas (Fische, Säugetiere, Vögel), junge Fische im Ganzen, Amphibien und Kaulquappen.

Manche Schildkrötenarten gehen im Alter in unterschiedlichem Maße auf Gemischtkost über (→ Porträts Seite 14 bis 21), das heißt, sie ernähren sich gleichermaßen auch von Pflanzenmaterial.

So abwechslungsreich der Tisch auch in der Natur gedeckt ist, an Wasserflöhen und Mückenlarven können sich Wasserschildkröten kaum überfressen, und ein dicker, toter Zander treibt ihnen nicht täglich vor das Maul.

Wenn Sie nun denken, dass die gesunde Fütterung einer Wasserschildkröte sehr aufwändig wäre, so kann ich Sie beruhigen: Es kostet nur wenig Mühe und ein klares Programm.

Das Grundfutter

Das Grundfutter stammt aus dem Zoofachhandel.

Jungtiere Für sie besteht es ausschließlich aus fleischlicher Kost in Form von gefriergetrockneten Krebstieren (Bachflohkrebse, Wasserflöhe), Insekten und Insektenlarven (als »Mix«). Nimmt Ihr Schildkrötenbaby das nicht an, verfüttern Sie Lebendfutter, zum Beispiel rote Zuckmückenlarven, junge Grillen und Wasserflöhe. »Tubifex«, rote Bachröhrenwürmer, sind aufgrund ihrer Lebensweise in der Regel stark mit Schwermetallen (vom Gewässergrund) belastet, weshalb Sie sie vor dem Verfüttern drei Tage »wässern« sollten. Sie sind wie Enchiträen, kleine Regenwurmverwandte, ganzjährig im Zoofachhandel erhältlich.

Heranwachsende ab zwei bis drei Monaten Sie erhalten dasselbe Futter wie Jungtiere, aber bezogen auf die Tagesration nur etwa 60 Prozent davon. Die restlichen 40 Prozent bestehen aus ganzen (toten) Fischen, wie Guppys oder Köderfische aus dem Anglerbedarf, die Sie als »Sättigungsbeilage« verfüttern. Hat die Schildkröte mit dem ganzen Fisch Mühe, dann zerschneiden Sie ihn am besten in mundgerechte Stücke.

Erwachsene »reine Fleischfresser« 30 Prozent ihres Futters bestehen aus ganzen Fischen, zehn Prozent aus ganzen, nestjungen, gefrosteten Mäusen, die Sie nach dem Auftauen auf Wassertemperatur erwärmen, 30 Prozent aus schierem Rinderherz mit einer Prise Kalzium – wenn die Schildkröte keine Sepiaschale zur Verfügung hat – oder aus Süßwasserfischfleisch wie Zander, beides in dünne

Die Hieroglyphen-Schmuckschildkröte ernährt sich bevorzugt pflanzlich. Ihr Gartenteich kann ihren Appetit nicht stillen, Sie müssen also zufüttern.

Futterquelle in der Freianlage

Um immer Lebendfutter zu haben, können Sie im Inneren der Freianlage, am besten in halbschattiger Lage, einen kleinen Komposthaufen errichten. Umranden Sie ihn mit morschem, unbehandeltem Holz (ein paar Bretter an den Fuß des Hügels legen). Kleinlebewesen aller Art wie Asseln und Käfer siedeln sich darunter an. Achtung: keine Tausendfüßler verfüttern (enthalten giftige Blausäure)!

LANDLEBENDE ARTEN Ausgeprägt landlebende Schildkröten, zum Beispiel die Gelbrand-Scharnierschildkröte, wird dort bald auf Jagd gehen.

WASSERLEBENDE ARTEN Den Arten, die selten an Land gehen, werfen Sie das »eingesammelte Tierleben« in das Wasser.

Streifen geschnitten, sowie 30 Prozent aus gefriergetrockneten Kleinkrebsen und Insekten. Geben Sie nicht täglich alle Bestandteile, sondern wechseln Sie tageweise ab und bieten einmal Fisch, dann Mäuse, dann Kleinkrebse an.

Erwachsene Gemischtköstler bis »Fast-Vegetarier« Sie bekommen von der für erwachsene Fleischfresser genannten Mischung einen Anteil von etwa 50 Prozent oder mehr, je nach den Angaben in den Porträts (→ Seite 14 bis 21). Der restliche Anteil besteht aus Wasserpflanzen aus dem Gartenteich und/oder aus weichen Kräutern, etwa Vogelmiere, Klee, Löwenzahnblätter (Garten) oder Rucola (Handel).

Aufwerten mit »Naturkost«

Dazu rate ich Ihnen. Ersetzen Sie die konservierten Futteranteile teilweise oder ganz durch Lebend- und Frischfutter.

- Im Gartenteich können Sie neben Wasserpest und Hornblatt auch Wasserschnecken vermehren.
- Im Aquarium lassen sich problemlos Guppys ziehen. Das gilt auch für Heimchen und junge Stabheuschrecken (Zoofachhandel), wenn sie ausbruchsicher untergebracht sind.
- In Wannen mit Regenwasser tauchen im Freien Schwarze Mückenlarven von allein auf.
- In fremden Gewässern können Sie das Lebendfutter in traditioneller Manier mit einem Kescher fangen. Fragen Sie aber vorher beim Ordnungsamt, ob das an dem Gewässer Ihrer Wahl erlaubt ist (Eigentums-, Fischerei- und Naturschutzrecht).
- Ihr Garten ist eine ergiebige Quelle für Nacktschnecken, Gartenschnecken aller Art, Regenwürmer, Engerlinge oder Asseln (→ Tipp links).

Lebendfutter aus dem Zoofachhandel Haben Sie keinen Garten, können Sie Lebendfutter im Zoofachhandel kaufen. Dort gibt es beispielsweise den Zuchtansatz von japanischen Wasserflöhen sowie weitere Informationen dazu. Außerdem erhalten Sie Mehl- und Schwarzkäferlarven. Sie sind fett und vitaminarm. Verwenden sie diese nur manchmal und vereinzelt zur Beschäftigung Ihrer Schildkröte, auf keinen Fall aber als Nahrungsgrundlage.

Immer auf der Lauer: Ihre Schildkröte lernt bald, den Zufalls-Futterspender im Auge zu behalten, aus dem es Leckerbissen »regnet«. So ist sie gut beschäftigt.

Fertigfutter für Wasserschildkröten

Wenn Sie einmal das Futter nicht selbst zusammenstellen wollen, können Sie auch auf Fertigfutter aus dem Zoofachhandel zurückgreifen. Da das Futter für eine große Anzahl von Arten passen soll, ist es »pauschal« zusammengestellt und trifft vielleicht nicht immer die Diätvorgaben in diesem Ratgeber. Meistens besteht das Futter aus Bachflohkrebsen, Weichtieren, Insekten und »tierischen Nebenprodukten« mit einem Eiweißanteil von etwa 40 bis 50 Prozent und einem Fettanteil von vier bis fünf Prozent (→ Literatur Seite 62).

Daneben sollte das Futter Kalzium und Phosphor enthalten, idealerweise mehr Kalzium. Wenn Sie keine Angaben zum Kalzium-Phosphor-Verhältnis finden, dann rate ich, dieses Futter nur als »Beschäftigungsfutter« für die Fastentage zu verwenden, keinesfalls aber zur Aufzucht von Jungtieren oder als Alleinfutter für Erwachsene.

1 Heimchen sind ein wertvoller Bestandteil im breiten Futterspektrum einer Wasserschildkröte. Sie lassen sich leicht im eigenen Haushalt züchten.

2 Hornkraut (Foto) und Wasserpest sind einfach zu vermehren. Sie stellen eine willkommene Abwechslung auf der Speisekarte Ihrer Schildkröte dar.

Fertignahrung selbst herstellen

Der Idee, Schildkrötenfutter mit allen erforderlichen Inhaltsstoffen als »Aspik« herzustellen, bin ich erstmals in den frühen 1970er-Jahren im Frankfurter Zoo begegnet. Man trifft diese Art Futter inzwischen – vielfach variiert – regelmäßig in der Literatur wieder. Die von mir empfohlene Mischung ist in Anlehnung an das wissenschaftlich berechnete »Ur-Rezept« mit Bedacht einfach gewählt und enthält alles, was für eine gesunde Ernährung erforderlich ist. Wenn Sie den Anteil an Tintenfisch, Muschelfleisch und frischen Garnelen immer wieder variieren, können Sie den Geschmack verändern. Das gefällt auch Ihrer Schildkröte.

Mit einem einmaligen Arbeitsaufwand stellen Sie Schildkrötenfutter für drei bis sechs Monate her, das auch bequem von einer Pflegevertretung portioniert und verfüttert werden kann. Nach einem halben Jahr sollte die Mischung aus lebensmitteltechnischen Gründen aufgebraucht sein.

Grundrezept

- 400 g Süßwasserfisch, ganz
- 200 g Rinderherz
- 200 g Tintenfisch, natürlich belassen
- 300 g Garnelen- oder Krillschrot mit 50 Prozent Eiweißanteil (Futtermittelhandel)
- 2 Hühnereier mit Schale (roh)
- Schale von 2 rohen oder gekochten Hühnereiern oder eine halbe Sepiaschale
- bis zu 200 g »Grünzeug« – je nach den Ansprüchen Ihrer Schildkröte – wie junge Brennnessel-

blätter, Rucola, Klee, Vogelmiere oder Karotten, Äpfel, ungeschälter, gekochter Reis oder Maisgrieß.
Zubereitung Waschen Sie alle Zutaten unter fließendem Wasser, dann pürieren Sie alles, das Fleisch getrennt von den übrigen Zutaten, jeweils mit etwas Wasser in einem hochtourigen Mixer (Cutter) zu einem honigartig fließenden Brei. Vermischen Sie alles miteinander und erwärmen es auf 80 °C (Thermometer!). Unter ständigem Rühren lassen Sie den Brei auf 50 bis 60 °C abkühlen und geben nach Vorschrift qualitativ hochwertige Speisegelatine (Lebensmittelhandel) und ein Vitamin-Mineralstoff-Präparat, etwa Corvimin® oder Davinova®, nach Angaben des Tierarztes zu.
Eine qualitativ gute Gelatine ist wichtig, da sonst das Futter nicht fest genug wird und später im warmen Wasser zerfallen würde. Gießen Sie die Zubereitung zum Erstarren auf ein Backblech. Schneiden Sie anschließend Tagesrationen je nach Größe und Appetit Ihres Tieres aus, die Sie in Plastikbeuteln tiefgefrieren und bei Bedarf auftauen können.
Gemischtköstlern und überwiegenden »Vegetariern« geben Sie das Aspik nur als »Beifutter«, während Sie das Pflanzenmaterial frisch verfüttern.

Nahrungsergänzungsmittel

Kalk Ihn sollten Sie stets in Form von Sepiaschale, Muschelgrit (Zoofachhandel) oder zerstoßener (gekochter) Eierschale anbieten. Davon kann Ihre Schildkröte bei Bedarf fressen. Gerade bei Jungtieren und bei Weibchen in der Eibildungsphase ist der Kalkbedarf besonders hoch.
Vitamine und Spurenelemente Sie sind voraussichtlich nicht erforderlich, wenn Ihre Schildkröte mit Lebendfutter und UV-Licht versorgt wird und im Sommer im Freiland leben darf. Verabreichen Sie Vitamine nur nach Absprache mit dem Tierarzt.

Richtig **füttern**

TIPPS VOM SCHILDKRÖTEN-EXPERTEN
Dr. Hartmut Wilke

WIE OFT FÜTTERN? Jungtiere bekommen über den ganzen Tag verteilt Futter. Mit zunehmendem Alter füttern Sie die Tiere nur noch ein- bis zweimal täglich. Jeden zweiten Tag führen Sie einen »Fastentag« ein, an dem es nur ein kleines Bröckchen Fertigfutter oder ein paar Wasserflöhe gibt. Geschlechtsreife Weibchen bekommen zur Zeit der Eibildung bis einen Monat über die letzte Eiablage der Saison hinaus täglich Futter.

WANN FÜTTERN? Füttern Sie während der Aktivitätszeiten Ihrer Schildkröte, das heißt
- tagaktive Tiere nach dem Sonnenbad am Morgen sowie am späten Nachmittag.
- dämmerungsaktive Tiere in der Morgen- und Abenddämmerung.

WIE VIEL FÜTTERN? Lassen Sie das Tier einen Tag fasten. Wiegen oder messen Sie dann die Futtermenge, die Sie verabreichen wollen. Sobald Ihre Schildkröte beim Fressen langsamer oder wählerischer wird, wiegen Sie den Rest und ziehen den Wert vom Anfangswert ab. Füttern Sie von da an nur noch die Hälfte der im Versuch verfütterten Menge.

Einmaleins der Pflege

Die beste Pflege erhält Ihre Schildkröte, indem Sie alle Angaben in diesem Ratgeber beachten. Eine sorgsame Futterauswahl und richtige Fütterungszeiten, verbunden mit dem korrekten Raum-, Temperatur- und Lichtangebot und der Möglichkeit, den individuellen Tages- und Jahresrhythmus ausleben zu können, sind die wesentlichen Grundlagen der Pflege. Ihre Schildkröte bleibt vital und entwickelt sich gesund. Unter ungünstigen Umständen kann sie erkranken. Eine regelmäßige, jährlich wiederkehrende vorbeugende Gesundheitskontrolle (→ Seite 57) ist jedoch auf jeden Fall ratsam.

Die Gesundheit Ihrer Schildkröte hängt wesentlich vom regelmäßigen Wasserwechsel und der gründlichen Reinigung des Filters ab.

Die Anlage pflegen

Den Landteil der Schildkrötenanlage halten Sie durch tägliches Entfernen von Futterresten und Kot in einem hygienisch einwandfreien Zustand.

Teilwasserwechsel Im Wasser werden Sie selten den Kot in fester Form vorfinden. Jedoch sammeln sich die zerriebenen, festen Bestandteile entweder im Filter oder als »Mulm« am Boden des Beckens, bevorzugt an immer denselben Stellen. Dort können Sie den Mulm mit einem Schlauch nach der Saughebermethode ansaugen und in einem Eimer auffangen. Saugen Sie das Wasser aus hygienischen Gründen nicht mit dem Mund an, sondern füllen Sie den Schlauch durch Eintauchen ins Becken mit Aquarienwasser. Halten Sie dann ein Schlauchende mit dem Daumen zu und öffnen Sie es im Eimer, der tiefer steht als der Wasserspiegel im Becken. Dorthin fließt dann das Wasser.
Auf diese Weise wechseln Sie 30 bis 50 Prozent des Aquarienwassers und ersetzen es durch gleichwarmes Leitungswasser.

Gesamtwasserwechsel und Filterpflege Durch Urin und Kot sowie sich zersetzende Futterreste gibt es im Wasser auch gelöste Abfallstoffe. Nehmen sie überhand, können sich abfallverwertende Bakterien so zahlreich vermehren, dass man sie an einer milchigen Wassertrübung erkennt. Spätestens dann wechseln Sie das gesamte Wasser und spülen den Filter. Lassen Sie das Wasser wie oben beschrieben ab und saugen Sie dabei den Mulm aus den Winkeln und aus dem Bodengrund heraus. Reinigen Sie Wurzeln und Scheiben mit einem Schwamm. Der Schmutz fließt mit dem ablaufenden Wasser ab. Die Filtermasse spülen Sie stets nur in klarem Wasser, damit die nützlichen Kleinlebewesen, die darauf siedeln und das Wasser aufarbeiten, nicht Schaden nehmen. Dann bringen Sie das neue Wasser auf die zuvor im alten Wasser gemessene Temperatur und füllen das Becken. Anschließend setzen Sie auch die Schildkröte wieder ein.

Wasserwechsel-Rhythmus Wie oft Sie das Wasser wechseln, hängt von der Belastung durch Urin, Kot und Futterreste ab. Meiner Erfahrung nach wird sich bei der Haltung von einem Tier ein Rhythmus einstellen, dass Sie jede Woche einen Teilwasserwechsel und alle zwei bis drei Monate einen Gesamtwasserwechsel durchführen. Ihre Schildkröte setzen Sie während der Zeit der Reinigung auf den Landteil oder in das Quarantäneterrarium.

Hinweis Klare Verfärbungen durch Moorkienholz und Torfextrakte sind unbedenklich, ja für manche Schildkröte, die es gerne dämmerig mag, von Vorteil. Laubwalderde aus dem Landteil, die von einer grabenden Schildkröte ins Wasser befördert wird, ist ebenso unbedenklich, auch wenn sie ebenfalls eine spontane milchige Trübung hervorrufen kann.

Reinigung der Freianlage

Den Gartenteich entleeren Sie einmal jährlich im November mittels einer Schmutzwasserpumpe, indem Sie gleichzeitig den Mulm aufrühren. Dann füllen Sie den Teich neu. Angewehtes Laub sammelt sich gewöhnlich an einer Uferseite, dort lässt es sich herausfischen. Um Kleinlebewesen brauchen Sie sich nicht zu sorgen, da Ihre Schildkröte das im Sommer bereits für Sie »erledigt« hat.

Rat suchen im **Internet**

TIPPS VOM SCHILDKRÖTEN-EXPERTEN
Dr. Hartmut Wilke

GUTE INFOS Informative und sachliche Webseiten auf neuestem wissenschaftlichem Stand finden Sie bei den anerkannten, landesweit wirkenden Schildkrötenorganisationen (→ Adressen Seite 62). Dort finden Sie auch viele spannende Links zu Museen, Fachbereichen an Universitäten und Forschungsstationen. Auch private deutschsprachige Homepages tragen saubere Zusammenstellungen wissenschaftlicher Erkenntnisse zu bestimmten Arten bei.

ZWEIFELHAFTE INFOS Da jeder im Internet (fast) alles schreiben kann, was und wie er bzw. sie will, können Sie auch an »Glaubenskrieger« geraten. Haben Sie Zweifel an der Aussage, sollten Sie sich zu deren Überprüfung aus den eingangs empfohlenen Seiten oder aus der Fachliteratur Vergleiche einholen.

INFOS ÜBERPRÜFEN Ich empfehle Ihnen außerdem, Aussagen nach wissenschaftlichen Maßstäben zu prüfen: Ist eine Aussage durch eine Versuchsreihe abgesichert und belegt, dann können Sie ihr glauben. Ist sie das nicht, bleibt sie bestenfalls eine Arbeitshypothese.

Lebensnotwendige Winterruhe

Eine Winterruhe legen Arten ein, die in Klimabereichen leben, in denen es im Winter kalt wird. In dieser Zeit ruhen die Tiere mit herabgesetzter Körpertemperatur in speziellen Verstecken. Ob Ihre Schildkröte eine Winterruhe eingeht oder nicht und in welcher Form, das erfahren Sie in den Porträts (→ Seite 14 bis 21). Hat Ihr Tier ein Winterruhebedürfnis, erkennen Sie dies bei abnehmenden Taglängen im September/Oktober an seinem Verhalten: Es frisst deutlich weniger oder gar nichts mehr, entleert massiv seinen Darm und will sich kaum mehr bewegen.

Die Europäische Sumpfschildkröte verbringt den Winter in der Natur gerne unter Wurzeln im Schlamm vergraben. Oft versammeln sich dort mehrere Tiere.

Einleitung der Winterruhe

Bevor Ihre Schildkröte in Winterruhe geht, ist es wichtig, dass Sie

- das Tier im August vom Tierarzt kontrollieren, zumindest aber eine Kotprobe auf Wurmbefall untersuchen lassen. Alle Behandlungen sollten Ende September erfolgreich abgeschlossen sein.
- laufend die Strahlungsdauer der Beleuchtung an die tatsächliche Tageslänge im Freien anpassen.
- bei den ersten Signalen eines Ruhebedürfnisses, etwa einer verminderten Futteraufnahme, die Wasser- und Lufttemperatur über drei bis vier Schritte, die je eine Woche dauern, um jeweils gut 2 bis 3 °C absenken. Das wären insgesamt 10 bis 12 °C. Stellen Sie so etwa eine Wassertemperatur von 14 bis 16 °C und eine Lufttemperatur von 18 °C her.

Winterruhe im Wasser

In den Porträts (→ Seite 14 bis 21) erfahren Sie, ob Ihre Schildkröte am Grund eines Gewässers überwintert. Entsprechend wird sie auch bei Ihnen einen Ruheplatz unter Wasser einnehmen.
Dafür brauchen Sie ein spezielles Winterquartier. Das kann entweder eine Zementwanne sein, die Sie in den Keller stellen, oder eine Kunststoffdose mit

Deckel im Kühlschrank. Die Kunststoffdose sollte mindestens 50 Prozent breiter und länger sein als der Schildkrötenpanzer lang ist. Das Tier muss sich ohne Weiteres in der Dose umdrehen können. Voll aufgerichtet darf es den Deckel nicht erreichen. Die Schildkröte braucht diesen Luftraum als Vorrat an Atemluft, die bei dicht schließender Dose durch fünf bis zehn Löcher von zwölf Millimeter Durchmesser im Deckel einströmen kann.
Füllen Sie die Zementwanne oder Dose soweit mit Wasser, dass Ihr Tier am Boden ruhend bequem Luft holen kann. Den Mulm des natürlichen Gewässers ersetzen Sie durch Schaumstoffwürfel von etwa drei Zentimeter Kantenlänge. Dazwischen fühlt sich die Schildkröte geborgen. Decken Sie 95 Prozent der Zementwanne mit einem Brett gegen Lichteinfall ab. Die Dose braucht diese Abdunklung im Kühlschrank nicht. Die Behälter überwintern in der für Ihr Tier empfohlenen Temperaturspanne.

Winterruhe »an Land«

Manche Arten überwintern an Land. Sie erklettern dann den Landteil und suchen nach einem Überwinterungsquartier. Setzen Sie dieses Tier in eine Überwinterungswanne, die Sie statt mit Wasser zu drei Viertel mit einem nebelfeuchten Gemisch aus Laubwalderde und Rindenmulch im Verhältnis 1:1 füllen. »Nebelfeucht« bedeutet: 90 Prozent relative Luftfeuchtigkeit, nicht nass. Die Wanne erhält einen Deckel aus fünf mal fünf Millimeter Quadratgitter. In derartigen Überwinterungswannen ist die Gefahr sehr groß, dass die Schildkröte austrocknet. Besonders die Gewöhnliche Moschusschildkröte ist diesbezüglich sehr empfindlich. Das Austrocknen verhindern Sie am besten, indem Sie Wasser am Rand der Wanne nachgießen. Bitte gießen Sie nie das Tier selbst! Ein Hygrometer (jährlich neu eichen!)

Sie geben Geborgenheit für die Winterruhe, indem Sie das natürliche Schlammbett durch Schaumstoffwürfel ersetzen und die Wanne abdunkeln.

Vorsicht: **Überwintern im Teich**

Sie treffen immer wieder auf Empfehlungen, die den Eindruck vermitteln, als könne man Wasserschildkröten gefahrlos im Gartenteich überwintern. Das stimmt so nicht.

EUROPÄISCHE SUMPFSCHILDKRÖTE Auch wenn diese Art in bestimmten Regionen, in denen sie natürlicherweise verbreitet ist, dafür geeignet sein müsste, würde ich den Versuch erfahrenen Experten überlassen.

ALLE ANDEREN ARTEN Dafür sind Frühjahr und Herbst bei uns zu wechselhaft und dabei zu lange kalt, nicht zuletzt auch aufgrund der globalen Klimaveränderung. Zu viele Todesfälle aus der Praxis belegen das leider immer wieder neu.

liegt neben der Schildkröte in einer durchlöcherten Plastikdose und muss stets um 90 Prozent relative Luftfeuchte anzeigen.

Statt in der Wanne können Sie Ihre Schildkröte auch in einer Kiste überwintern, wie sie für Landschildkröten gebraucht wird (→ Literatur Seite 62). Die Überwinterungskiste hat den Vorteil, dass in ihr ein beständigeres Klima herrscht.

Das ist während der Winterruhe zu tun

Kontrolle und Wasserpflege Alle drei bis fünf Tage begutachten Sie Ihre Schildkröte. Ist sie gesund, stört sie der plötzliche Lichteinfall nicht. Ist das Wasser klar und blasenfrei, muss es nicht gewechselt werden. Bei Bedarf (milchige Trübung) kühlen Sie das saubere Austauschwasser vor einem Wechsel auf die erforderliche Wintertemperatur herunter. Schildkröten, die an Land überwintern, müssen wegen des stabilen Kleinklimas in der Kiste nur einmal pro Woche kontrolliert werden.

Erkrankung während der Winterruhe Es kann sein, dass Ihre Schildkröte während der Winterruhe früher als gedacht und ohne ersichtlichen Grund aktiv wird. Ein ersichtlicher Grund wäre eine frühzeitige starke Erwärmung der Überwinterungsanlage. Brechen Sie dann die Winterruhe wie unten beschrieben ab und bringen Sie Ihr Tier im Zweifel zu einem Tierarzt. Danach muss es nach ärztlicher Empfehlung und unter normalen Haltungsbedingungen in seiner Anlage oder besser im Quarantäneterrarium gesund gepflegt werden.

Die Winterruhe beenden

Nach Ablauf der in den Porträts vorgegebenen Überwinterungszeit bringen Sie den Behälter mitsamt der Schildkröte in einem hellen Raum wieder auf 18 bis 20 °C und entfernen die Abdunkelung. Mit steigender Temperatur wird Ihre Schildkröte immer aktiver. Setzen Sie das Tier dann in seine ebenso temperierte Anlage. Erhöhen Sie jetzt alle zwei Tage die Luft- und Wassertemperatur um jeweils 2 °C, bis die im Porträt vorgegebene Normaltemperatur erreicht ist. Nach etwa einer Woche wird die Schildkröte mit dem Fressen beginnen.

Wegen ihrer großen Nord-Süd-Verbreitung kann die Tropfenschildkröte nur 2 bis 3 Monate oder 6 bis 7 Monate überwintern. Solange sie dabei ruhig bleibt, machen Sie nichts verkehrt.

Artgerechte Haltung

Wenn Sie von Anfang an ein paar Regeln beachten, wird es nicht lange dauern, bis sich Ihre Wasserschildkröte bei Ihnen sicher aufgehoben fühlt. Damit sorgen Sie auch für beste Gesundheit und Vitalität Ihres Pfleglings.

Tut gut

- \+ Halten Sie das Wasser für Ihre Schildkröte stets bei bester Aquarienwasserqualität – so als ob Sie Fische darin pflegen würden.
- \+ Füttern Sie so abwechslungsreich wie möglich mit einem überwiegenden Anteil an Frischfutter.
- \+ Lassen Sie die jährliche Routine-Gesundheitskontrolle im Monat August stattfinden. Dann kann eine erforderliche Behandlung in aller Regel noch vor der Winterruhe abgeschlossen werden.
- \+ Beachten Sie die Angaben zur Winterruhe auch für Babyschildkröten.

Besser nicht

- − Ersetzen Sie eine verantwortungsvolle Wasserqualitäts- und Filterpflege, Wasserwechsel etc. nicht durch die Zugabe chemischer Substanzen, wie zum Beispiel Wasserverbesserer.
- − Halten Sie Wasserschildkröten in Mitteleuropa nicht ganzjährig im Gartenteich und lassen Sie sie dort nicht unkontrolliert überwintern.
- − Reichen Sie Ihrer Schildkröte nicht ausschließlich Fertigfutter (»Alleinfutter«).
- − Ersetzen Sie Freilandhaltung und UV-Bestrahlung nicht durch Vitamingaben.
- − Geben Sie Vitamine nicht ohne tierärztlichen Rat nach eigenem Gutdünken, insbesondere die Vitamine A und D.

Wasserschildkröten vermehren

Vor etwa 50 Jahren begann der Abstieg für viele Schildkrötenarten in den Status »vom Aussterben bedroht«. Lebensraumzerstörung durch den Menschen und Entnahme aus der Natur zu Speisezwecken und als Heimtier sind auch heute noch eine aktuelle Bedrohung. Das unkontrollierte Aussetzen zu groß gewordener Tiere durch genervte Liebhaber ist eine Gefahr für das Ökosystem. Wenn auch der Biotopschutz immer noch das Rettungsmittel erster Wahl ist, so leistet die Vermehrung der Wasserschildkröten in Menschenobhut einen guten Beitrag zum Artenschutz, weil damit die Entnahme aus der Natur entfallen kann.
Aus diesem Grund empfehle ich Ihnen in diesem Ratgeber nur Arten, die im deutschsprachigen Raum nachgezogen werden. Nach Möglichkeit sollten Sie auch Ihre Schildkröte gezielt unter diesen Nachzuchten suchen. Das erhöht die Chance, gesunde Tiere zu finden. Außerdem haben Sie Vorteile bei der Zusammenstellung eines Pärchens. Da Sie die Eltern kennen, wählen Sie Nachkommen aus unterschiedlichen, nicht miteinander verwandten Vermehrungslinien. Damit beugen Sie Inzucht vor und helfen, genetisch intakte Vermehrungslinien weiterzuführen.

Noch sind die Europäischen Sumpfschildkröten putzige Babys. In ein paar Jahren werden daraus »Erwachsene« mit fast 1 kg Gewicht.

Hinweis Auf dem Markt gibt es gelegentlich Kreuzungen (»Bastarde«) verschiedener Arten. Es spricht nichts dagegen, wenn Sie eine solche Schildkröte auf Dauer als Einzeltier halten wollen und so vielleicht aus der Auffangstation eines Tierheims befreien. Allerdings bitte ich Sie eindringlich, mit solchen Bastarden nicht zu züchten.
An der Reinhaltung der Zuchtlinien arbeiten überregionale herpetologische (reptilienkundliche) Organisationen in vielen Ländern Europas und Zuchtbuchführer als Koordinatoren. Den Weg dahin finden Sie bei überregionalen Vereinen (→ Adressen Seite 62). Bis Sie jedoch die ersten eigenen Schildkrötenbabys in Händen halten können, gilt es, die folgenden Grundsätze bei der Balz, Paarung und zur Eiablage zu beachten.
Voraussetzungen zur Vermehrung Um Nachwuchs zu bekommen, brauchen Sie ein Pärchen. Die Partner halten Sie über das Jahr getrennt, indem Sie jedem ein eigenes Gehege zur Verfügung stellen. Wenn Sie nicht so viel Platz haben, können Sie auch eine Zuchtgemeinschaft eingehen und sich den Schildkrötenpartner bzw. die -partnerin für die kurze Zeitspanne der Paarung ausleihen und den Nachwuchs teilen.

Werbung und Paarung

In der Fortpflanzungszeit – sie beginnt in der Regel nach der Winterruhe oder generell im Frühjahr – setzen Sie beide Tiere unter Ihrer ständigen Aufsicht zusammen. Zwei geschlechtsreife, gesunde und – wenn erforderlich – durch die Überwinterung hormonell gut aufeinander eingestimmte Tiere werden sich dann in der Regel innerhalb von einer Stunde paaren. Manchmal müssen Sie aber auch ein paar Tage Geduld mitbringen. Vertragen sich die Partner, genügt es, wenn Sie hin und wieder nachschauen, ob alles noch in Ordnung ist.
Werbung und Paarung der Wasserschildkröten finden bis auf wenige Ausnahmen, wie bei der Gelbrand-Scharnierschildkröte, im Wasser statt.

Interessante Werberituale Damit werden Sie für Ihre Geduld belohnt. Sowohl die Männchen der Mississippi-Höckerschildkröte als auch der Rotbauch-Spitzkopfschildkröte sind wahre Künstler in der »Anbetung« ihrer Liebsten. Die Mississippi-Höckerschildkröte »zittert« unter Kopfnicken mit beiden Vorderbeinen, Spitzkopfschildkröten (→ Seite 15) fächeln mit nur einem Vorderbein – das wird auch Ihnen als Zuschauer gefallen. Erst dann darf das Männchen ungestraft hinter das Weibchen schwimmen und sich paaren. Bei den Schlammschildkröten sind die Rituale nicht so ausgefeilt. Sie kommen oft sehr viel spontaner zum Ziel.
Nach der Paarung – bei verträglichen Tieren auch nach zwei bis vier Tagen – trennen Sie das Männchen vom Weibchen für den Rest des Jahres. Bei Unverträglichkeiten trennen Sie die Partner sofort.

Ablage und Zeitigung der Eier

Nach erfolgreicher Paarung im Frühjahr dauert es einige Wochen, bis das Weibchen seine Eier ablegt. Spätestens dann braucht es einen Eiablageplatz,

Sich paarende Schlangenhalsschildkröten bieten ein beeindruckendes Schauspiel. Die Vermehrung dieser Art gelingt in der Regel leicht.

also einen Landteil, den Sie mit einem Gemisch aus Laubwalderde und Sand im Verhältnis 1:1 füllen. Die Schicht sollte etwas tiefer sein, als der Panzer der Schildkröte lang ist. Diesen Platz besonnen Sie nun ganztags mit dem Spotstrahler auf 34 bis 36 °C Bodentemperatur. Dort oder etwas seitlich davon, wird die Schildkröte dann ihre Eier vergraben. Außerdem brauchen Sie jetzt einen einfachen handelsüblichen Inkubator (»Brutmaschine«), den Sie nach Anweisung bedienen. Sie graben die Eier aus und betten sie, ohne sie zu drehen, nach Vorschrift in Vermiculit® (Zoofachhandel) und Wasser zu gleichen Gewichtsanteilen. Sie stellen so im Inneren der Brutkammer eine relative Luftfeuchtigkeit von 90 bis 95 Prozent her. In der Natur müssen die Embryonen Temperatur- und Feuchtigkeitsschwankungen überstehen. Die Bruttemperatur liegt normalerweise bei 28 °C, sie darf aber für einige Tage zwischen 25 °C und 30 °C schwanken. Bei vielen Schildkrötenarten wird das Geschlecht über die Bruttemperatur festgelegt (mehr Infos dazu: DGHT, → Adressen Seite 62).

Embryonalentwicklung und Schlupf

Ein befruchtetes Ei nimmt mit der Zeit an Gewicht zu (Briefwaage), außerdem können Sie beim Durchleuchten mit der Schreibtischlampe im Inneren des Eis anfangs Blutgefäße und später den Embryo als dunklen Fleck erkennen. Nehmen Sie dazu das Ei zwischen Daumen und Zeigefinger und decken blendendes Störlicht mit der Handfläche ab. Bei weichschaligen Eiern erkennen Sie zu Beginn der Entwicklung auch eine wachsende, hellere »Bauchbinde« um den mittleren Schalenbereich herum. Verfärbungen auf der Eischale (oft rötlich, bräunlich) müssen nichts Negatives bedeuten. Falls der Embryo abstirbt, kann ich erwähnen, dass gesunde Embryonen mit vorübergehenden Temperatur- und Feuchtigkeitsschwankungen gut zurechtkommen, während geschwächte auch bei optimalen Brutbedingungen spontan absterben können.
Nach der arttypischen Entwicklungsdauer, die auch von der Bruttemperatur abhängt, schlüpft das Jungtier mit Hilfe seines »Eizahns«. Es kann ein bis drei Tage dauern, bis es die Schale ganz verlässt. Ein oft noch vorhandener erbsengroßer Dotterrest wird innerhalb etwa einer Woche rückgebildet (»aufgezehrt«). Dazu setzen Sie gute wie schlechte Schwimmer nach dem Schlupf einzeln in flaches, sehr sauberes Wasser, bis es geschehen ist.

Aufzucht der Jungtiere

Junge Wasserschildkröten leben bevorzugt im Wasser und werden getrennt von den Eltern aufgezogen. Schlechte Schwimmer sind dabei auf einen sehr flachen Wasserstand angewiesen. Am besten ernähren Sie die Babys in den ersten vier bis acht Wochen mit lebenden Wasserflöhen, Mückenlarven und jungen Regenwürmern, die ihren Jagdtrieb befriedigen. Später können Sie langsam zu der beschriebenen Diät (→ Seite 44) in Form von Frostfutter und frischtoten kleinen Fischen übergehen.

Wenn die Dreistreifen-Klappschildkröte entwicklungsfähige Eier auch bei Ihnen ablegt, sind Sie aus der Riege der »Anfänger« entlassen!

Gesundheitsvorsorge und Krankheiten behandeln

Eine einwandfreie Hygiene (→ Seite 48) und die Beachtung der technischen Anweisungen zur individuellen Terrarien- und Klimagestaltung in diesem Ratgeber sind die beste Voraussetzung, Ihre Schildkröte ein Leben lang gesund zu erhalten. Vorausgesetzt, Sie nehmen dazu auch die Anleitung zu einer artgerechten Ernährung (→ Seite 43) ernst. Dennoch kann es sein, dass Ihr Tier einmal krank wird. Im Folgenden beschreibe ich einige Krankheitsanzeichen (nach Frau Dr. med. vet. Renate Keil), bei denen Sie es sofort einem Tierarzt vorstellen sollten. Behandlungen sollten grundsätzlich nur nach tierärztlichem Rat erfolgen, insbesondere der Einsatz von Antibiotika und Vitaminen.

Atemnot

Anzeichen Die Schildkröte liegt die meiste Zeit auf dem Landteil, reckt den Hals weit vor, öffnet den Mund und lässt fiepende, stöhnende oder schnarchende Geräusche hören. Dazwischen senkt sie immer wieder müde den Kopf.
Mögliche Ursachen Lungenentzündung; Verstopfung; Legenot; Aufgasung von Magen oder Darm; Blasenstein oder Harnsäureklumpen, die eine Entleerung der Analblase verhindern; Ödeme durch Nieren- oder Herzerkrankung.
Behandlung Erwärmen Sie das Tier keinesfalls zwangsweise! Durch Anregung des Stoffwechsels kann Lebensgefahr bestehen! Sofort zum Tierarzt!

Lungenentzündung

Anzeichen Atemnot (siehe oben), seitlich schräge Schwimmlage, ungewohnt häufiger Aufenthalt unter dem Spotstrahler. Unterscheiden Sie dazu trächtige Weibchen, die sich auch oft sonnen, aber im Gegensatz zu einem kranken Tier vital wirken.
Mögliche Ursachen Zugluft, die Lufttemperatur liegt unterhalb der Wassertemperatur, »Fußbodenhaltung« der Schildkröte.
Behandlung Durch den Tierarzt nur nach röntgenologischer Absicherung der Diagnose.

Herpes

Anzeichen Atmungsbehindernde Beläge im Maul, die aber auch bei Pilz- oder Bakterieninfektionen auftreten können.
Mögliche Ursachen Herpesviren, die lebenslang im Körper bleiben, meist in Stresssituationen zur Erkrankung führen und nur durch Untersuchungen im Speziallabor eindeutig feststellbar sind.
Behandlung Durch den Tierarzt. Nur die Begleitinfektionen sind therapierbar. Herpes verläuft bei der Schildkröte meist tödlich. Nur eine sofortige Quarantäne, Hygiene und Desinfektionsmaßnahmen können den Restbestand retten.

Die Gesundheit checken

EINMAL WÖCHENTLICH **Überprüfen Sie Ihre Schildkröte genau, auch die Bauchseite, nach der Tabelle Seite 58.**

TÄGLICH **Kontrollieren Sie ihr Allgemeinbefinden. So erkennen Sie frühzeitig Erkrankungen und verbessern die Heilungsaussichten. Allmählich werden Sie sich mit einem kurzen Blick ein Bild vom Befinden des Tieres machen können.**

Krankheiten erkennen

	ANZEICHEN
PANZER/ JUNGTIER	Gesund: fest und elastisch wie ein Daumennagel. Krank: weich und verformbar wie ein Hefebrötchen.
PANZER/ ALTTIER	Gesund: hart und fest, alle Hornschilde sind unversehrt. Krank: fest, aber verformt; Schilde bucklig; Löcher, vor allem im Bauchpanzer; rosa Flecken.
HAUT	Gesund: ledrig weich, glatt und elastisch. Krank: borkig; entzündete Verletzungen; schmerzhafte Schwellungen; Ablösung am Hals und im Kloakenbereich.
AFTERREGION	Gesund: sauber, unverletzt. Krank: Verletzungen, blutende Wunden.
AUGEN	Gesund: klar, weit geöffnet. Krank: Hornhaut milchig trüb, Lider geschwollen, geschlossen.
ATEMWEGE	Gesund: geräuschloser Atem. Krank: rasselnder Atem; Atmen bei weit geöffnetem Mund, schwimmt in Schräglage.
FORT-BEWEGUNG AN LAND	Gesund: benutzt alle Beine zur Fortbewegung gleichermaßen. Krank: Hinterbeine werden kaum bewegt bzw. nachgezogen; das Tier »hängt« hinten tiefer.
VERHALTEN	Gesund: zeigt beim Aufnehmen kräftige Abwehr. Krank: wirkt »müde«, apathisch.

Geschwollene Augen

Anzeichen Die Lider sind geschwollen, die Tiere können ihre Augen nicht öffnen.
Mögliche Ursachen Zugluft, bakteriell belastetes Aquarienwasser, Fremdkörper im Auge, Verletzungen, Vitamin-A-Mangel.
Behandlung Nur durch den Tierarzt.
Hinweis Alle Vitaminpräparate, die Vitamin A und D_3 enthalten, müssen nach Körpergewicht der Schildkröte dosiert werden. Falsch dosiert, können sie schwerste Vergiftungen hervorrufen, was zur Ablösung der Oberhaut führen kann.

Geschwollenes Trommelfell

Anzeichen Das Trommelfell, zwischen Kiefergelenk und dem Auge gelegen, ist mehr oder weniger stark (»erbsenförmig«) nach außen gewölbt.
Mögliche Ursachen Mittelohrentzündung, innere Eiterablagerung.
Behandlung Nur chirurgisch durch den Tierarzt; auch hier spielt ein Vitamin-A-Mangel eine Rolle.

Weicher Panzer

Anzeichen Der Panzer wird weich, in den Nähten treten Blutungen auf.
Mögliche Ursachen Vitamin-D3-Vergiftung oder Vitamin-D3-/Kalzium-Mangel.
Behandlung Nur durch den Tierarzt; UV-Bestrahlung und Kalkgaben; nicht auf Sand oder Kies halten, da dieser in der Krankheitsphase exzessiv gefressen wird und zu Verstopfung oder Tod führt.

Panzerverletzungen

Anzeichen Oberflächliche Hornabschürfungen oder tiefer bis in den Knochen.
Mögliche Ursachen Meist mechanische Verletzungen, verbunden mit kühler und permanent

feuchter Haltung (fehlender Sonnenplatz mit 40 °C), Sekundärinfektion.
Behandlung Oberflächliche Hornabschürfungen sind harmlos. Gehen Sie aber zum Tierarzt, wenn die Wunde bis auf den Knochen reicht.

Panzerverformungen

Anzeichen Einsinken des Rückenpanzers oder pyramidenförmige Aufwölbung der einzelnen Hornschilde, vor allem während des jugendlichen Wachstums.
Mögliche Ursachen Fehlernährung, vor allem beim Jungtier; Vitamin-D3-/Kalzium-Mangel.
Behandlung Durch den Tierarzt. Zusätzlich einen UV-Strahler installieren und Kalzium geben.

Gesteigerte Unruhe des Weibchens, besonders an Land (Legenot)

Anzeichen Das geschlechtsreife Weibchen läuft tagelang unruhig umher und gräbt eventuell Löcher. Häufig durchgescheuerte Hinterfußsohlen! Siehe auch »Atemnot«.
Mögliche Ursachen Physiologische oder anatomische Gründe.
Behandlung Durch den Tierarzt nach einer Röntgenaufnahme.

Die Schlangenhalsschildkröte gehört zur Ordnung der »Halswender«, weil sie ihren Hals durch seitliches Anlegen im Panzer verbirgt. Auch für sie ist stets sauberes Wasser lebenswichtig.

Die **halbfett** gesetzen Seitenzahlen verweisen auf Abbildungen, U = Umschlag, UK = Umschlagklappe.

A

B

C

D

E

F

G

H

I/J

K

Die Inhalte dieses Buches beziehen sich auf die Bestimmungen des deutschen Tier- bzw. Artenschutzes In anderen Ländern können die Angaben abweichend sein. Erkundigen Sie sich daher im Zweifelsfall bei Ihrem Zoofachhändler oder bei der entsprechenden Behörde.
Seit dem 3.8.2016 sind alle *Trachemys scripta* inklusive Unterarten verboten. Für Privatbesitzer gilt, dass nur noch die vor dem 3.8.16 erworbenen Tiere bis zu deren *Lebensende* gehalten werden dürfen, wenn Fortpflanzung und *Entkommen* ausgeschlossen sind.

Adressen

› Deutsche Gesellschaft für Herpetologie und Terrarienkunde e. V. (DGHT), Vogelsang 27, 31020 Salzhemmendorf, www.dght.de

Wichtiger **Hinweis**

› Elektrische Geräte **Die in diesem Buch beschriebenen elektrischen Geräte für die Terrarienpflege müssen mit dem gültigen TÜV-Zeichen versehen sein. Beachten Sie die Gefahren im Umgang mit elektrischen Geräten und Leitungen, insbesondere in Verbindung mit Wasser.**
Die Anschaffung eines elektronischen Fehlstrom-Schutzschalters ist empfehlenswert.

› Hygiene **Achten Sie unbedingt auf Ihre persönliche Hygiene und waschen Sie sich nach dem Kontakt mit den Tieren die Hände.**

› Österreichische Gesellschaft für Herpetologie (ÖHG), c/o Naturhistorisches Museum Wien, Herpetologische Sammlung, Burgring 7, A-1010 Wien, www.herpetozoa.at
› Schildkröteninteressengemeinschaft Schweiz (SIGS), kostenlose Beratungshotline, www.sigs.ch
Bei den vorgenannten Organisationen erhalten Sie Informationen zu Interessensgemeinschaften für bestimmte Schildkrötenarten. Wenn Sie sich für eine Zusammenarbeit entscheiden, erleichtert Ihnen das eventuell die Bildung einer Zuchtgemeinschaft. Über diese Organisationen lässt sich auch der nächstgelegene Terrarienverein finden.
› Bundesverband für fachgerechten Natur- und Artenschutz e. V. (BNA), Ostendstr. 4, 76707 Hambrücken, www.bna-ev.de (Einsatz für Arterhaltung durch Zucht und für Biotopschutz)

Schildkröten im Internet

› www.studbooks.eu
European Studbook Foundation; hier werden Zuchtbücher geführt (z. B. für *Clemmys guttata*); man spricht deutsch
› www.wisia.de
Bundesamt für Naturschutz; wissenschaftliches Informationssystem zum Internationalen Artenschutz
› www.reptilienauffangstation.de
Auffangstation für Reptilien; bietet Schildkröten zur Pflege an
› www.wetteronline.de
Klimadaten weltweit; Jahresverläufe
› www.schildkroeten.dght.de
Arbeitsgemeinschaft Schildkröten der DGHT in Deutschland
› www.herpetozoa.at/index.php/ arbeitsgruppen/terraristik
Arbeitsgruppe Terraristik der ÖHG in Österreich
› www.sigs.ch
Schildkröteninteressengemeinschaft der SIGS in der Schweiz
› www.bfn.de
Infos mit Schwerpunkt Naturschutz

Fragen zur Terraristik

beantworten Ihr Zoofachhändler und der Zentralverband Zoologischer Fachbetriebe Deutschlands e. V. (ZZF), www.zzf.de, Online-Portal des ZZF: www.my-pet.org, Tel.: 06 11/44 75 53 32 (Mo 12–16 Uhr, Do 8–12 Uhr)

Bücher

› Dennert, C.: Ernährung von Landschildkröten. Natur und Tier-Verlag, Münster
› Müller, V./Schmidt, W.: Schildkröten im Gartenteich. Natur und Tier-Verlag, Münster
› Obst, F. J.: Die Welt der Schildkröten. Albert Müller Verlag, Rüschlikon-Zürich (antiquarisch)
› Pawlowski, S.: Erfolgreiche Überwinterung verschiedener aquatischer Schildkröten im Haus bei Tempe-raturen von 12–15 °C. Radiata, Rheinbach, 13 (2): 3–9
› Wilke, H.: Landschildkröten. Gräfe und Unzer Verlag, München

Zeitschriften

› DATZ. Die Aquarien- und Terrarienzeitschrift. Natur und Tier-Verlag, Münster
› herpetofauna. Zeitschrift für Amphibien- und Reptilienkunde. herpetofauna Verlag, Weinstadt
› MINOR. Infobrief der AG Schildkröten der DGHT (→ Adressen)
› RADIATA. Zeitschrift der AG Schildkröten der DGHT (→ Adr.)
› MARGINATA. Das Schildkröten-Fachmagazin. Natur und Tier-Verlag, Münster

DIE WERDEN SIE AUCH LIEBEN.

ISBN 978-3-8338-5510-8

ISBN 978-3-8338-4148-4

ISBN 978-3-8338-5218-3

ISBN 978-3-8338-3643-5

ISBN 978-3-8338-5511-5

ISBN 978-3-8338-5508-5

e Auch als eBook erhältlich.

G|U

Mehr von GU auf **gu.de** | **gu.verlag** | **gu.verlag**

Der Autor

Dr. Hartmut Wilke ist Biologe und hat als Leiter des Exotariums, Zoo Frankfurt, und Leiter des Zoos in Darmstadt ein Berufsleben lang praktische Erfahrung mit Schildkröten gesammelt. Seit jeher berät er Rat suchende Schildkrötenliebhaber. Davon profitiert auch dieser Ratgeber in besonderer Weise.

Die Fotografin

Christine Steimer arbeitet als freie Fotografin für internationale Buchverlage, Fachzeitschriften und Werbeagenturen.
Alle Fotos in diesem Buch stammen von Christine Steimer mit Ausnahme von:
Uwe Anders: S. 38, 55; **Arco Images:** S. 52; **Ardea:** S. 4; **Bios Photo:** S. 2, 3, 54, U7; **Oliver Giel:** Cover, S. 1, 12, 17, 19, 42, 48, U3-1, U4-2, U5-2, U6-3; **Jetter Terraristikbedarf:** 33-2; **NHPA:** S. 18, 59; **Premium:** U2, U3-2; **Zoonar:** S. U4-3.

Zeichnungen: Karin Heckel-März

Syndication:
www.seasons.agency

Aktualisierte Neuausgabe von Wasserschildkröten, GRÄFE UND UNZER VERLAG GmbH, 2007, ISBN 978-3-8338-0594-3

Projektleitung: Jutta Weikmann, Anita Zellner
Lektorat: Angelika Lang, Gabriele Linke-Grün
Bildredaktion: Natascha Klebl, Adriane Andreas, Petra Ender (Cover)
Konzeption der Umschlaggestaltung und Layout: independent Medien-Design, Horst Moser, München
Umschlaggestaltung: h3a GmbH, München
Herstellung: Petra Roth, Martina Koralewska
Satz und Repro: Longo AG, Bozen
Druck und Bindung: Firmengruppe APPL, aprinta druck, Wemding

Printed in Germany

ISBN 978-3-8338-5514-6

4. Auflage 2024

www.facebook.com/gu.verlag

QUALITÄTS G|U GARANTIE

LIEBE LESERINNEN UND LESER,

wir wollen Ihnen mit diesem Buch Informationen und Anregungen geben, um Ihnen das Leben zu erleichtern oder Sie zu inspirieren, Neues auszuprobieren. Wir achten bei der Erstellung unserer Bücher auf Aktualität und stellen höchste Ansprüche an Inhalt und Gestaltung. Alle Anleitungen und Rezepte werden von unseren Autoren, jeweils Experten auf ihren Gebieten, gewissenhaft erstellt und von unseren Redakteur*innen mit größter Sorgfalt ausgewählt und geprüft.

Haben wir Ihre Erwartungen erfüllt? Sind Sie mit diesem Buch und seinen Inhalten zufrieden? Wir freuen uns auf Ihre Rückmeldung. Und wir freuen uns, wenn Sie diesen Titel weiterempfehlen, in Ihrem Freundeskreis oder bei Ihrem Online-Kauf.

Sollten wir Ihre Erwartungen so gar nicht erfüllt haben, tauschen wir Ihnen Ihr Buch jederzeit gegen ein gleichwertiges zum gleichen oder ähnlichen Thema um.

KONTAKT ZUM LESERSERVICE

GRÄFE UND UNZER VERLAG
Grillparzerstraße 12
81675 München
www.gu.de

Umwelthinweis

Dieses Buch ist auf PEFC-zertifiziertem Papier aus nachhaltiger Waldwirtschaft gedruckt.

GRÄFE UND UNZER

Ein Unternehmen der
GANSKE VERLAGSGRUPPE